Krause/Krause

Klausurentraining Weiterbildung

Finanzierung und Investition

Klausurentraining Weiterbildung
für Betriebswirte, Fachwirte, Fachkaufleute und Meister

Finanzierung und Investition

115 klausurtypische Aufgaben und Lösungen

Von
Dipl.-Sozialwirt Günter Krause und
Dipl.-Soziologin Bärbel Krause

2., aktualisierte Auflage

kiehl

ISBN 978-3-470-**63442**-5 · 2. aktualisierte Auflage 2014

Kiehl ist eine Marke des NWB Verlags

Satz: Röser MEDIA GmbH & Co. KG, Karlsruhe
Druck: Griebsch & Rochol Druck GmbH & Co. KG, Hamm

Klausurentraining Weiterbildung

für Betriebswirte, Fachwirte, Fachkaufleute und Meister

Die Reihe *Klausurentraining* ist aus der Überlegung heraus entstanden, dass sich sehr viele Absolventen von IHK-Weiterbildungslehrgängen gezielt auf ein spezielles Prüfungsthema (Handlungsbereich) vorbereiten möchten, um dort ihre Fähigkeiten in der Wissensanwendung zu vervollständigen.

Betrachtet man die inhaltlichen Schwerpunkte der Klausuren in den IHK-Abschlussprüfungen, so ergibt sich eine große Schnittmenge der Anforderungen: Beispielsweise fehlt in keiner Abschlussklausur im Fachgebiet *Finanzierung und Investition* die Anwendung der statischen und dynamischen Verfahren der Investitionsrechnung mit ihren vielfältigen Varianten (z. B. Auswahl- und Ersatzprobleme).

Daher enthält jeder Band dieser Reihe *klausurtypische Aufgaben* zu dem betreffenden Fachgebiet, die dem Niveau der IHK-Prüfungen in Umfang und Schwierigkeitsgrad entsprechen. Dabei wurde die Aufgabensammlung fachspezifisch gegliedert und jede Aufgabe mit einer Überschrift gekennzeichnet. Dies soll das spätere *Erkennen des Aufgabentyps in der Klausur unter Echtbedingungen* erleichtern. Einige Themen, Aufgaben und Lösungen haben einen höheren Schwierigkeitsgrad. Sie sind gekennzeichnet (***) und richten sich vorrangig an angehende Betriebswirte und Bilanzbuchhalter.

Der Lösungsteil ist ausführlich und verständlich gestaltet, sodass sich der Leser/die Leserin selbstständig in der *Umsetzung des erlernten Wissens trainieren* und *kontrollieren* kann. Eine Sammlung von Formeln und Begriffen am Schluss des Buches unterstützt die Bearbeitung der Aufgaben. Das umfangreiche Stichwortverzeichnis ermöglicht das gezielte Auffinden von Begriffen und Zusammenhängen.

Diese Fachbuchreihe richtet sich an:

- Teilnehmer von IHK-Weiterbildungslehrgängen (angehende Betriebswirte, Fachwirte, Fachkaufleute, Bilanzbuchhalter und Meister)
- Studierende an Fachschulen und Fachhochschulen.

Charakteristische Merkmale für jeden Band dieser Reihe sind:

- Mehr als 100 Prüfungsaufgaben orientiert am Niveau der IHK-Weiterbildungslehrgänge
- fachspezifische Gliederung der Aufgaben
- Aufgabenstellungen mit thematischen Überschriften
- ausführliche, verständliche Darstellung der Lösungen
- Zusammenstellung von Formeln und Begriffen
- umfangreiches Stichwortverzeichnis.

Neustrelitz, im Juli 2014

Diplom-Sozialwirt Günter Krause
Diplom-Soziologin Bärbel Krause

Vorwort

Mangelnde Liquidität, d. h. das Unvermögen eines Unternehmens, seinen laufenden Zahlungsverpflichtungen nachzukommen, führt zur Insolvenz. Daher spielt die Finanzwirtschaft im Unternehmen eine bedeutende Rolle. Zentrale Begriffe sind Investition und Finanzierung.

Investition ist die Verwendung finanzieller Mittel für Produktivzwecke. Sie ist notwendig, um ein Unternehmen zu gründen. Fehlende Investitionen in der Betriebsphase eines Unternehmens führen zu einer Überalterung der Anlagen. In der Folge verliert das Unternehmen seine Wettbewerbsfähigkeit, seine Kunden und damit seine Existenzgrundlage.

Investition und Finanzierung bedingen sich einander: Investitionen können nur getätigt werden, wenn ihre Finanzierung gesichert ist. Investitionsentscheidungen müssen so abgesichert werden, dass die zukünftigen Kapitalrückflüsse die Finanzierungskosten übertreffen.

Gegenstand dieses Fachbuches ist die Optimierung von Entscheidungen zur Finanzierung von Investitionen und zur Verwendung erzielter Einnahmen. In mehr als 100 klausurtypischen Aufgabenstellungen und Lösungen wird die Zielsetzung der Finanzierung und Investition, die Realisierung des finanziellen Gleichgewichts im Unternehmen – unter den Aspekten Wirtschaftlichkeit, Rentabilität, Unabhängigkeit, Risiko und Liquidität – behandelt.

Wir wünschen unseren Leserinnen und Lesern viel Erfolg bei der Bearbeitung der Aufgaben sowie in der IHK-Prüfung.

Neustrelitz, im Juli 2014

Diplom-Sozialwirt Günter Krause
Diplom-Soziologin Bärbel Krause

Benutzungshinweise

Diese Symbole erleichtern Ihnen die Arbeit mit diesem Buch:

TIPP

Hier finden Sie nützliche Hinweise zum Thema.

MERKE

Das X macht auf wichtige Merksätze oder Definitionen aufmerksam.

ACHTUNG

Das Ausrufezeichen steht für Beachtenswertes, wie z. B. Fehler, die immer wieder vorkommen, typische Stolpersteine oder wichtige Ausnahmen.

INFO

Hier erhalten Sie nützliche Zusatz- und Hintergrundinformationen zum Thema.

RECHTSGRUNDLAGEN

Das Paragrafenzeichen verweist auf rechtliche Grundlagen, wie z. B. Gesetzestexte.

MEDIEN

Das Maus-Symbol weist Sie auf andere Medien hin. Sie finden hier Hinweise z. B. auf Download-Möglichkeiten von Zusatzmaterialien, auf Audio-Medien oder auf die Website von Kiehl.

Aus Gründen der Praktikabilität und besseren Lesbarkeit wird darauf verzichtet, jeweils männliche und weibliche Personenbezeichnungen zu verwenden. So können z. B. Mitarbeiter, Arbeitnehmer, Vorgesetzte grundsätzlich sowohl männliche als auch weibliche Personen sein.

1. Finanzierung

1.1 Grundlagen der Finanzwirtschaft

Aufgabe 1: Liquiditätsbegriff

Die Erhaltung der unternehmerischen Liquidität ist eines der Ziele des Finanzmanagement. Dabei ist zu beachten, dass man unterschiedliche Liquiditätsbegriffe kennt:

- absolute Liquidität
- künstliche Liquidität
- statische Liquidität
- natürliche Liquidität
- relative Liquidität
- dynamische Liquidität

Erklären Sie zwei der genannten Liquiditätsbegriffe.

Lösung s. Seite 79

Aufgabe 2: Zielkonflikte in der Finanzwirtschaft

Zwischen den Zielen der Finanzwirtschaft existieren Zielkonflikte.

a) Erläutern Sie den finanzwirtschaftlichen Zielkonflikt, der zwischen den Größen Rentabilität und Liquidität besteht.

b) In einem Unternehmen hat die Planungsrechnung ergeben, dass sich aus einer Investition von 1,0 Mio. € eine Rendite von 15 % erzielen lässt. Der Zinssatz für Fremdkapital beträgt 9 %. Zur Finanzierung der Investition stehen drei grundsätzliche Varianten zur Disposition:

   - Variante 1: 100 % Eigenkapital (EK)
   - Variante 2: 60 % Eigenkapital, 40 % Fremdkapital (FK)
   - Variante 3: 20 % Eigenkapital, 80 % Fremdkapital

Berechnen Sie für jede Variante den Verschuldungsgrad, den Reingewinn (= Gewinn - FK-Zinsen) und die Eigenkapitalrendite.

(Hinweis: Die Investition wird isoliert betrachtet.)

Erläutern Sie, welcher Zielkonflikt sich aus den Rechenergebnissen erkennen lässt.

Lösung s. Seite 80

Aufgabe 3: Mittelherkunft, Mittelverwendung (Zuordnung), Begriffe

a) Ordnen Sie die in der folgenden Tabelle aufgeführten Bilanzpositionen

   - dem bilanziellen Eigenkapital

- dem Fremdkapital und
- dem Anlage- bzw. Umlaufvermögen

zu. Markieren Sie mit X.

		Bilanzielles Eigenkapital	Fremdkapital	Anlagevermögen	Umlaufvermögen
1	Geschäftsanteile				
2	Rückstellungen				
3	Vorräte				
4	Verbindlichkeiten				
5	Gewinnrücklagen				
6	Wertpapiere				
7	Gewinnvortrag				
8	Kapitalrücklage				
9	Forderungen				
10	Schecks				
11	Sachanlagen				
12	Jahresüberschuss				
13	Kasse				
14	Finanzanlagen				

b) Nennen Sie für die folgenden Finanzierungsformen eine alternative Bezeichnung:
- Finanzierung aus Umsatzerlösen
- Kreditfinanzierung
- Einlagenfinanzierung

Lösung s. Seite 80

Aufgabe 4: Finanzierungsformen (1)

Unterscheiden Sie tabellarisch die Formen der Finanzierung nach

- Kapitalherkunft,
- Rechtsstellung,
- Fristigkeit und
- Anlass.

Lösung s. Seite 81

Aufgabe 5: Finanzierungsformen (2)

Kennzeichnen Sie (X) in der nachfolgenden Matrix, welche Finanzierungsform vorliegt (Achtung: Mehrfachnennung):

Sachverhalt		Finanzierung		Außen-finan-zierung	Innen-finan-zierung	Beteili-gungs-finan-zierung
		mit Eigen-kapital	mit Fremd-kapital			
1	Aufnahme eines neuen Gesellschafters					
2	Einbehalten der Gewinne und Verwendung für Investitionszwecke					
3	Umwandlung eines kurzfristigen in einen langfristigen Kredit					
4	Aufnahme eines zusätzlichen Kredits					
5	Finanzierung einer Ersatzinvestition aus Abschreibungsbeträgen					
6	Bildung von Pensionsrückstellungen					
7	Kauf einer Maschine mit Zahlungsziel vier Monate					
8	Leasing eines Firmen-Lkw					
9	Verkauf einer Altanlage zur Verbesserung der Liquidität					

Lösung s. Seite 83

1.2 Zahlungsverkehr

Aufgabe 1: Dauerauftrag, Lastschriftverfahren

Zurzeit ist die Auszubildende Luise Pauli in Ihrer Abteilung beschäftigt.

a) Erklären Sie Frau Pauli die Unterschiede bzw. Gemeinsamkeiten des Dauerauftrags und des Lastschriftverfahrens.

b) Nennen Sie jeweils drei Praxisbeispiele für jede Form des Zahlungsverkehrs.

c) Beschreiben Sie, in welcher Weise SEPA den zwischenstaatlichen Zahlungsverkehr beeinflusst.

Lösung s. Seite 83

Aufgabe 2: Scheck

Nennen Sie die gesetzlichen und die kaufmännischen Bestandteile des Schecks.

Lösung s. Seite 84

Aufgabe 3: POS-Verfahren, Phishing

Die bargeldlose Zahlung am Verkaufsort (Point of Sale) ist weit verbreitet.

a) Erklären Sie in diesem Zusammenhang den Unterschied zwischen dem POS-System mit Zahlungsgarantie und dem POS-System ohne Zahlungsgarantie.

b) Erklären Sie im Zusammenhang mit Online-Banking die Gefahr des Phishing.

Lösung s. Seite 85

Aufgabe 4: Zahlungsverkehr in das Ausland

Der Geschäftsführer der Lanz GmbH ist hoch erfreut. Soeben hat er einen Auftrag über die Lieferung von zehn gebrauchten Traktoren nach Chile an die Firma OREGANO Ltd. bestätigt. Im Kaufvertrag wurde u. a. „DDP Puerto Montt" (Chile) vereinbart. Die Traktoren werden per Lkw nach Bremerhaven gebracht und von dort nach Puerto Montt verschifft.

a) Erläutern Sie den Kosten- und Gefahrenübergang.

b) Nennen Sie fünf Möglichkeiten zur Absicherung des Zahlungsrisikos.

c) Erläutern Sie, welchen Vorteil die Vereinbarung „L/C" gegenüber „d/p" und „d/a" für die Lanz GmbH hat.

d) Nennen Sie fünf Dokumente, die die Lanz GmbH für den Seetransport benötigt.

e) Welche Vereinbarung enthält der Incoterm DDP bezüglich der Transportversicherung?

Lösung s. Seite 85

Aufgabe 5: Electronic Banking

Erläutern Sie den Ablauf beim Electronic Banking und berücksichtigen Sie dabei das zweistufige Sicherungskonzept.

Lösung s. Seite 86

Aufgabe 6: Incoterms

In der Praxis sind folgende Incoterms von zentraler Bedeutung:

EXW, FCA, FAS, FOB, CFR, CIF, CPT, CIP, DAP, DAT, DDT.

Geben Sie jeweils eine Kurzbeschreibung. Nennen Sie dabei die Incoterm-Gruppe und die Transportart.

Lösung s. Seite 87

1.3 Grundzüge des Risikomanagements***

Aufgabe 1: Risikomanagement, Gegenstand, Strategien

a) Erläutern Sie, was Gegenstand des Risikomanagements ist.

b) Beschreiben Sie vier Risiken im Rahmen des Finanzmanagement.

c) Beschreiben Sie vier Strategien der Risikosteuerung im Rahmen des Finanzmanagement.

d) Erklären Sie, was man unter

- Hedging und
- Off-Balance-Sheet-Instrumenten

versteht.

Lösung s. Seite 88

Aufgabe 2: Zinsmanagement-Instrumente

Erläutern Sie vier Instrumente, die zur Absicherung des Zinsänderungsrisikos eingesetzt werden können.

Lösung s. Seite 91

Aufgabe 3: Devisentermingeschäft, Devisenoption, Währungsswap

Die DRAFTEX GmbH exportiert Textilmaschinen weltweit. Aufgrund des internationalen Wettbewerbs ist das Unternehmen gezwungen, Lieferantenkredite mit dreimonatigem Zahlungsziel in ihre Vertragsangebote aufzunehmen. Die Fakturierung erfolgt in US-Dollar. Derzeit rechnet die DRAFTEX GmbH mit einem fallenden Dollarkurs. Daher ist sie bemüht, geeignete Zusatzverträge zur Absicherung der Risiken ihrer Handelsgeschäfte abzuschließen.

a) Erläutern Sie, welche Absicherung mithilfe der Instrumente

- Devisenoption
- Devisentermingeschäft

möglich ist.

b) Erläutern Sie, welche Möglichkeit der Kurssicherung die Aufnahme eines Währungskredites ermöglicht.

c) Erläutern Sie, welche Absicherung ein Währungsswap bieten kann.

Lösung s. Seite 92

1.4 Finanzierungsregeln

Aufgabe 1: Finanzierungsregeln (1), Rating

Die Bilanz der Metallbau GmbH enthält zum 31.12. d. J. folgende Daten (in Tsd. €):

AKTIVA	Bilanz		PASSIVA
Anlagevermögen	600	Eigenkapital	400
Vorräte	400	Langfristiges Fremdkapital	550
Forderungen aus LL	350	Kurzfristiges Fremdkapital	450
Zahlungsmittel	50		
Summe Umlaufvermögen	800		
	1.400		1.400

Die Metallbau GmbH unterhält zu ihrer Hausbank eine langjährige Geschäftsbeziehung. Die Informationspolitik gegenüber der Bank wird mit gut und das Controlling mit befriedigend bewertet (Skalierung: sehr gut = 1 bis sehr schlecht = 6).

Analysieren Sie die Bilanzstruktur anhand der nachfolgenden Kennzahlen und kommentieren Sie jeweils das Ergebnis ihrer Rechnung.

a) Verschuldungsgrad (statisch)

b) Anlagendeckungsgrad I und II

c) Liquidität 1. bis 3. Grades

d) Beurteilen Sie anhand der vorliegenden Fakten die Bonität der Metallbau GmbH im Rahmen von Basel II und beschreiben Sie zwei Auswirkungen für das Unternehmen.

e) Nennen Sie zwei Empfehlungen an die Metallbau GmbH zur Verbesserung ihres Unternehmensrating und beschreiben Sie jeweils drei geeignete Maßnahmen.

Lösung s. Seite 93

Aufgabe 2: Finanzierungsregeln (2)

Die Bilanzstruktur eines Unternehmens sollte ausgewogen sein. Dazu liegt Ihnen die (vereinfachte) Bilanz der X-GmbH vor:

AKTIVA — **Bilanz zum 31.12.20.. in Tsd. €** — **PASSIVA**

AKTIVA		Vorjahr	PASSIVA		Vorjahr
Anlagevermögen	11.500	9.500	Eigenkapital	8.000	5.500
Sicherheitsbestand an RHB-Stoffen	1.500	1.500	Langfristiges Fremdkapital	6.000	4.500
Kurzfr. UV	4.000	3.000	Kurzfristiges Fremdkapital	3.500	4.500
Kasse, Bank	500	500			
	17.500	14.500		17.500	14.500

a) Beschreiben Sie in diesem Zusammenhang allgemein die vertikale und die horizontale Finanzierungsregel.

b) Überprüfen Sie rechnerisch für beide Jahre, ob die vertikale und die horizontale Finanzierungsregel von der X-GmbH eingehalten wurde.

c) Beschreiben Sie, welches Risiko besteht, wenn die horizontale Finanzierungsregel nicht erfüllt ist.

Lösung s. Seite 96

Aufgabe 3: Beurteilung der Strukturbilanz

Vor Ihnen liegt die Strukturbilanz der Metall GmbH (Angaben in Mio. €):

AKTIVA — **Schlussbilanz** — **PASSIVA**

AKTIVA		PASSIVA	
Anlagevermögen		**Eigenkapital**	
1. Grundstücke, Gebäude	2,2	1. gezeichnetes Kapital	5,0
2. Anlagen, Maschinen	3,5	2. Rücklagen	2,0
3. Fuhrpark	1,3	3. Jahresüberschuss	1,0
4. Betriebs- und Geschäftsausstattung	1,0		
Umlaufvermögen		**Fremdkapital**	
1. Vorräte	3,0	1. Rückstellungen[1]	2,0
2. Forderungen[2]	4,0	2. Darlehen	5,0
3. flüssige Mittel	2,0	3. kurzfr. Verbindlichkeiten	2,0
	17,0		17,0

[1] Die Rückstellungen sind zu 50 % langfristig. Der Jahresüberschuss wird den Rücklagen zugeführt.

[2] Die Forderungen sind zu 50 % langfristig.

Zur Finanzierung von Investitionen soll neues Fremdkapital aufgenommen werden.

a) Erläutern Sie, was man unter einer Strukturbilanz versteht.

b) Beschreiben Sie vier Ziele der Finanzwirtschaft:

c) Berechnen und kommentieren Sie folgende Kennzahlen:
   - Anlagenintensität
   - Eigenkapitalquote
   - Anlagendeckung 2. Grades
   - Liquidität 1. Grades
   - Liquidität 2. Grades

Lösung s. Seite 97

Aufgabe 4: Beurteilung der Liquiditätsgrade

Zur Ermittlung der Liquidität verwendet man unterschiedliche Liquiditätsgrade (Barliquidität, Liquidität auf kurze Sicht/auf mittlere Sicht). Die Aussagefähigkeit dieser Kennzahlen ist eingeschränkt.

Beschreiben Sie zwei Beispiele.

Lösung s. Seite 100

Aufgabe 5: Fremdfinanzierung, Vorteile/Nachteile

Nennen Sie jeweils zwei Vorteile bzw. Nachteile der Fremdfinanzierung.

Lösung s. Seite 100

1.5 Formen der Finanzierung

1.5.1 Innenfinanzierung

Aufgabe 1: Formen der Innenfinanzierung

Geben Sie einen tabellarischen Überblick über die Formen der Innenfinanzierung und erläutern Sie drei davon.

Lösung s. Seite 101

Aufgabe 2: Innenfinanzierung

Für die Metallbau GmbH haben Sie die vorläufige Bilanz des zurückliegenden Geschäftsjahres erstellt:

AKTIVA	Bilanz zum 31.12.20.. in Tsd. €		PASSIVA
Sachanlagen		**Eigenkapital**	
1. Bebaute Grundstücke	330	1. Gezeichnetes Eigenkapital	870
2. Maschinen	470	2. Kapitalrücklage	270
Umlaufvermögen		3. Jahresüberschuss	150
1. Vorräte		**Rückstellungen**	
► Rohstoffe	600	1. Pensionsrückstellungen	110
► unfertige Erzeugnisse	70	2. Steuerrückstellungen	140
► fertige Erzeugnisse	300	3. Sonstige Rückstellungen	120
2. Forderungen aus LL	1.100	**Verbindlichkeiten**	
3. Wertpapiere	70	1. gegenüber Kreditinstituten	320
4. Flüssige Mittel	120	2. aus LL	1.080
	3.060		3.060

Die Geschäftsleitung plant die Errichtung einer Zweigniederlassung. Es wurde ein Kapitalbedarf von 1,4 Mio. € (ohne Umsatzsteuer) ermittelt. Die Hausbank ist bereit, das Vorhaben mit einem langfristigen Kredit über 600.000 € zu finanzieren. Als Kreditsicherung akzeptiert sie Sicherungsübereignung und Grundschuld. Noch in diesem Jahr sollen zwei Altanlagen für 40.000 € (Buchwert) nach Tschechien veräußert werden. Die Gewinnausschüttung betrug in der Vergangenheit regelmäßig 80.000 € pro Jahr.

80 % der Pensionsrückstellungen stehen dem Unternehmen langfristig zur Verfügung. 50 % des Forderungsbestandes können verkauft werden. Steuerliche Aspekte sind nicht zu beachten.

a) Ermitteln Sie die Finanzierungslücke und schlagen Sie der Geschäftsleitung vier Möglichkeiten der Innenfinanzierung vor. Nennen Sie dabei jeweils die Form der Finanzierung.

b) Ermitteln Sie, welcher Kapitalfreisetzungseffekt sich ergibt, wenn die derzeitige Lagerumschlagshäufigkeit der Rohstoffe durch Rationalisierungsmaßnahmen und/oder Veränderung der Bestellverfahren um 50 % verbessert wird. Gehen Sie dabei von einem durchschnittlichen Wareneinsatz der Rohstoffe pro Jahr von 1.800.000 € aus. Der Bilanzwert der Vorräte kann vereinfachend als durchschnittlicher Lagerbestand angesetzt werden.

c) Nennen Sie drei weitere Maßnahmen, die geeignet sind, die Lagerumschlagshäufigkeit zu verbessern.

d) Erläutern Sie allgemein die Finanzierungsart „Umfinanzierung".

e) Beschreiben Sie das Rechtsinstitut „Sicherungsübereignung".

f) Was ist eine Grundschuld? Geben Sie eine ausführliche Erläuterung und gehen Sie dabei auf den Unterschied zur Hypothek ein.

g) Die Metallbau GmbH hatte als weitere Sicherheit eine selbstschuldnerische Bürgschaft der PULS AG angeboten, mit der sie seit langem eng zusammenarbeitet. Die PULS AG ist ebenfalls in der Metallbranche tätig. Die Hausbank hatte dies abgelehnt. Beschreiben Sie zwei mögliche Gründe für diese Ablehnung.

h) Die Metallbau GmbH unterbreitet als Generalunternehmer einer polnischen Firma ein Angebot über die Errichtung einer Fertigungsstraße zum Gesamtpreis von 800.000 €. 25 % des Verkaufspreises sind bei Vertragsunterzeichnung, 50 % nach der halben Bauzeit und 25 % bei Fertigstellung zu zahlen. Die Metallbau GmbH garantiert eine Fertigstellungsdauer von 12 Monaten. Die polnische Firma lehnt das Angebot ab und besteht auf einer Einmalzahlung bei Fertigstellung. Aufgrund der krisenbedingten, unzureichenden Auslastung der Fertigungskapazitäten geht die Metallbau GmbH auf den Vorschlag ein. Ermitteln Sie den dadurch entstehenden Kalkulationsnachteil bei einem Kreditzins von 11,5 %.

Lösung s. Seite 102

Aufgabe 3: Kapitalfreisetzung, Kapazitätserweiterung

Die Metallbau GmbH erweitert Anfang des Jahres ihren Maschinenpark um zehn Anlagen zu je 60.000 €. Die Abschreibung erfolgt linear für n = 3 Jahre. Jeweils am Ende eines Jahres werden die aus Abschreibungsgegenwerten freigesetzten Mittel dazu verwendet, neue Maschinen des gleichen Typs zu unverändertem Preis zu kaufen. Nicht verwendete, liquide Mittel werden kumuliert und stehen für die Folgeperiode für Investitionszwecke zur Verfügung.

a) Stellen Sie in der nachfolgenden Tabelle für die Perioden 1 bis 7 die Finanzierung aus Abschreibungsgegenwerten dar:

Periode	Anlagenbestand zu Beginn des Jahres (Stück)	Gesamt-AfA p. a. €	Neu-/ Reinvestition (Stück)	Anlagen-abgänge (Stück)	freie, liquide Mittel, kumuliert €
1					
2					
3					
4					
5					
6					
7					

b) Beschreiben Sie den Kapitalfreisetzungseffekt sowie den Kapazitätserweiterungseffekt und nennen Sie jeweils zwei Voraussetzungen.

c) Kritiker des Kapazitätserweiterungsmodells argumentieren: „In der Praxis werden bei einer Kapazitätserweiterung Teile der freigesetzten Mittel in zusätzlich erforderlichem Umlaufvermögen gebunden". Nehmen Sie Stellung zu dieser Argumentation.

Lösung s. Seite 105

Aufgabe 4: Innenfinanzierung, Cashflow

Ein Unternehmen erwirtschaftet in der zurückliegenden Periode 10 Mio. € Nettoerlöse. Weiterhin sind der GuV-Rechnung zu entnehmen:

4,00 Mio. €	Materialkosten
3,00 Mio. €	Personalkosten
0,75 Mio. €	Steuer

In der kommenden Periode sollen Nettoinvestitionen in Höhe von 4,5 Mio. € getätigt werden. Berechnen Sie den einfachen Cashflow und ermitteln Sie den Prozentsatz der Investitionsfähigkeit aus Mitteln der Innenfinanzierung.

Lösung s. Seite 106

1.5.2 Beteiligungsfinanzierung

Aufgabe 1: Ordentliche Kapitalerhöhung der Aktiengesellschaft, Bezugsrecht, Mittelkurs, Veränderung der Bilanz

Zur Finanzierung einer Auslandsinvestition beschließt die Hauptversammlung einer deutschen Aktiengesellschaft eine ordentliche Kapitalerhöhung von 5 Mio. €. Derzeit dotiert die Aktie mit einem Kurs von 150 €/Stück. Der Nennwert beträgt 50 €/Stück. Man rechnet mit einem Ausgabekurs der neuen Aktien von 115 €/Stück. Die Emissions-kosten werden mit 300.000 € veranschlagt.

Nachfolgend ist die vereinfachte und zusammengefasste Bilanz vor der Kapitalerhöhung dargestellt:

AKTIVA	**Bilanz vor der Kapitalerhöhung in Tsd. €**		**PASSIVA**
Anlagevermögen	18.500	Gezeichnetes Kapital	20.000
Geldkonten	300	Kapitalrücklage	500
Übrige Aktiva	12.500	Gewinnrücklage	800
		Übrige Passiva	10.000
	31.300		31.300

a) Berechnen Sie das Bezugsverhältnis.

b) Welchen rechnerischen Wert hat das Bezugsrecht?

c) Beschreiben Sie zwei Aufgaben (Funktionen), die das Bezugsrecht erfüllt.

d) Berechnen Sie den Mittelkurs, der nach der Kapitalerhöhung zu erwarten ist.

e) Ermitteln Sie das Grundkapital sowie die Kapitalrücklage nach der Kapitalerhöhung auf der Basis des erwarteten Emissionswertes.

f) Stellen Sie die zusammengefasste und vereinfachte Bilanz nach der Kapitalerhöhung dar.

Lösung s. Seite 106

Aufgabe 2: OHG, Gewinnverteilung

Die Großhandels OHG hat drei Gesellschafter. Im zurückliegenden Jahr wurde ein Gewinn (nach Steuern) in Höhe von 18.400 € erwirtschaftet.

a) Beschreiben Sie die Haftung der Gesellschafter.

b) Nennen Sie zwei Möglichkeiten der Beteiligungsfinanzierung.

c) Erstellen Sie die Gewinnverteilung nach HGB bei folgender Schlussbilanz:

AKTIVA		Bilanz zum ...	PASSIVA
Anlagevermögen	510.000	Kapital Gesellschafter A	80.000
Umlaufvermögen	360.000	Kapital Gesellschafter B	90.000
		Kapital Gesellschafter C	250.000
		Verbindlichkeiten	200.000
		Gewinn	250.000
	870.000		870.000

Lösung s. Seite 107

Aufgabe 3: Gründungsbilanz einer AG

Eine Aktiengesellschaft wird gegründet. Ihr Grundkapital beträgt 2.000.000 €. Der Emissionskurs beträgt 110 %; die Gründungskosten betragen 150.000 €.

Wie sieht die Gründungsbilanz aus, wenn

a) der volle Nennbetrag der Aktien eingezahlt wird,

b) lediglich 25 % des Nennbetrages der Aktien einbezahlt werden?

c) Unter welchen Voraussetzungen ist es möglich, lediglich 25 % des Nennwertes der Aktien einzubezahlen?

Lösung s. Seite 108

Aufgabe 4: Gewinnverteilung einer AG

Für die Metallbau AG existieren folgende Angaben (in Tsd. €):

Gezeichnetes Kapital	500.000
Gewinnrücklagen	22.500
Gewinnvortrag	6.000
Vorläufiger Jahresüberschuss	80.000
Vorstandstantieme (nach Beschluss des Aufsichtsrates)	10.000
Aufsichtsratstantieme (gemäß Satzung)	10.000

Nach Einstellung in die gesetzliche Rücklage werden 20 % des Jahresüberschusses der freien Rücklage zugeführt. Die Dividendenzahlung beträgt 10 %.

Stellen Sie die Verteilung des Bilanzgewinns dar.

Lösung s. Seite 108

1.5.3 Fremdfinanzierung und Kreditsicherung

Aufgabe 1: Finanzierung durch Darlehen und Leasing (Vergleich)

Bei der Metallbau GmbH soll eine Anlage zum Preis von 400.000 € finanziert werden. Die Nutzungsdauer beträgt zehn Jahre. Der Firma liegen zwei Darlehensangebote und eine Leasingfinanzierung vor:

Angebote der Bank		
Konditionen:	Darlehen 1	Darlehen 2
Kreditsumme	400.000 €	400.000 €
Kreditlaufzeit	8 Jahre	8 Jahre
Kreditzinsen	9,5 % von der Restschuld	9,5 % von der Restschuld
Tilgung	8 gleichbleibende Raten am Schluss des Kalenderjahres	fallend
Annuität	fallend	jährlich gleichbleibend: 73.618,24 €

Angebot der Leasinggesellschaft	
Grundmietzeit	8 Jahre
Abschlussgebühr	2,5 %
Leasingrate pro Jahr	15,5 % zahlbar jeweils am Schluss eines Kalenderjahres
Nach Ablauf der Grundmietzeit wird die Kaufoption zu einem Wert von 90.000 € ausgeübt.	

Vergleichen Sie die Gesamtausgaben je Finanzierungsart und geben Sie eine begründete Entscheidung für eines der Angebote. Steuerliche Aspekte sind nicht zu berücksichtigen.

Lösung s. Seite 109

Aufgabe 2: Leasing, Barkauf und Kreditkauf (Vor- und Nachteile)

Welche Vor- und Nachteile bestehen für den Leasingnehmer beim Leasing im Vergleich zum Barkauf mit Eigenkapital bzw. zum Kreditkauf mit Abzahlung während der Laufzeit? Nennen Sie jeweils zwei Vor- und zwei Nachteile.

Lösung s. Seite 111

Aufgabe 3: Effektivverzinsung

Für ein Investitionsvorhaben bietet die Bank folgende Konditionen an:

Kreditsumme:	100.000 €	Tilgung:	am Ende der Laufzeit
Auszahlungskurs:	95 %	Nominalzins:	7 %
Rückzahlungskurs:	100 %	Laufzeit:	10 Jahre

a) Ermitteln Sie die Effektivverzinsung.

b) Ermitteln Sie die Effektivverzinsung nach den Angaben von Fragestellung a) unter der Bedingung, dass die Bank eine einmalige Bearbeitungsgebühr von 1 % der Kreditsumme verlangt.

c) Berechnen Sie Fragestellung b) bei unterjähriger Zinszahlung mit m = 2 (halbjährige Zinszahlung).

Lösung s. Seite 112

Aufgabe 4: Lieferantenkredit, Skonto

Der Metallbau GmbH liegt eine Eingangsrechnung über 45.000 € vor, zahlbar mit drei Prozent Skonto innerhalb von zehn Tagen oder in 30 Tagen netto Kasse.

a) Die Metallbau GmbH müsste für die Ausnutzung des Skontos den Kontokorrentkredit ihrer Bank mit 14 % in Anspruch nehmen. Zeigen Sie rechnerisch, welchen finanziellen Vorteil in Euro die Skontogewährung unter diesen Bedingungen ergibt.

b) Berechnen Sie die Zinstage, bei denen die Kontokorrentzinsen gleich dem Skontobetrag sind.

c) Nennen Sie jeweils zwei Vor- und Nachteile des Lieferantenkredits aus der Sicht des Lieferanten bzw. des Kunden.

d) Nennen Sie drei Argumente, warum Kunden die Skontogewährung nicht in Anspruch nehmen.

Lösung s. Seite 113

Aufgabe 5: Zinsnachteil, Bankgarantie, Skonto

a) Die Metallbau GmbH steht in Verhandlung mit der Bau GmbH. Bisher wurde für den Bau einer neuen Lagerhalle vereinbart:

- Bauzeit, Fixtermin: 12 Monate
- Festpreis: 300.000 €
- Zahlbar:
  - 150.000 € bei Baubeginn
  - 100.000 € nach 6 Monaten
  - 50.000 € bei Fertigstellung

Vor Vertragsabschluss beharrt die Metallbau GmbH darauf, dass sie die volle Summe erst bei Fertigstellung zu zahlen gewillt ist. Die Bau GmbH willigt wegen schwieriger Auftragslage ein. Sie muss daher den Auftrag über ihren Kontokorrentkredit bei der Sparkasse zu 11,5 % vorfinanzieren.

Berechnen Sie, welcher finanzielle Nachteil der Bau GmbH durch die geänderte Zahlungsweise entsteht.

b) Am Ende der Bauphase lässt die Metallbau GmbH durchblicken, dass sie 5 % der Bausumme wegen evt. Gewährleistungsmängel einbehalten wird. Die Bau GmbH möchte dies vermeiden und bietet daher eine Bankgarantie ihrer Sparkasse an.

Erläutern Sie, was man unter einer Bankgarantie versteht.

Lösung s. Seite 114

Aufgabe 6: Factoring***

Für die Metallbau GmbH liegt folgende Strukturbilanz vor:

AKTIVA	Bilanz zum 31.12.20.. in Tsd. €		PASSIVA
Anlagevermögen	2.800	Eigenkapital	2.300
Vorräte	1.500	Langfristiges Fremdkapital	1.220
Forderungen aus LL	1.800	Verbindlichkeiten aus LL	600
Flüssige Mittel	20	Bankverbindlichkeiten mittelfristig	950
		Bankverbindlichkeiten kurzfristig	1.050
	6.120		6.120

An internen Daten liegen weiterhin vor:

- Durchschnittlicher Jahresumsatz der letzten vier Jahre: 18.000 Tsd. €
- Durchschnittlicher Forderungsbestand: 1.800 Tsd. €
- Durchschnittliche Forderungsausfälle in Prozent des Umsatzes: 1 %

- Durchschnittlicher Skontosatz: 3 %
  (innerhalb von 10 Tagen, sonst 30 Tage netto)
- Zinssatz für Kontokorrentkredit: 12 %

Die Metallbau GmbH plant, ihren Forderungsbestand an einen Factor zu verkaufen, um die Liquidität zu verbessern. Der Factor unterbreitet folgendes Angebot:

- Dienstleistungsgebühr: 2,0 % vom Jahresumsatz
- Delkrederegebühr: 1,0 % vom Jahresumsatz
- Finanzierungskosten: 10 % der durchschnittlichen Inanspruchnahme der angekauften Forderungen
- Sperrbetrag: 15 %

a) Ermitteln Sie den Kapitalfreisetzungsbetrag bei Annahme des Factoringangebots.

b) Berechnen Sie die Kosten des Factors, die für die Metallbau GmbH bei Annahme des Angebots entstehen.

c) Erstellen Sie die Strukturbilanz nach Durchführung des Forderungsverkaufs an den Factor.

d) Ermitteln Sie die Eigenkapitalquote vor und nach Factoring und beurteilen Sie das Ergebnis.

e) Erläutern Sie, wie in der Praxis bezüglich des Sperrbetrages verfahren wird.

f) Die Factorkosten sind nicht unbeträchtlich. Trotzdem lohnt es sich für viele Unternehmen, die Finanzierung durch Factoring sorgfältig zu prüfen.

   Erstellen Sie eine Checkliste mit zehn Merkmalen, in der die relevanten Aspekte eingetragen sind.

Lösung s. Seite 114

Aufgabe 7: Einzelaufgaben zur Kreditsicherung

a) Kreuzen Sie in der folgenden Übersicht an, für welche Form der Kreditsicherung die genannten Aktiva geeignet sind (Achtung: Mehrfachnennung möglich):

	Eigentumsvorbehalt	**Zession**	**Akkreditiv**	**Sicherungsübereignung**	**Lombardkredit**	**Hypothek**	**Grundschuld**
Unbebaute Grundstücke							
Bebaute Grundstücke							
Finanzanlagen (Wertpapiere)							
Betriebs- und Geschäftsausstattung							

	Eigentumsvorbehalt	**Zession**	**Akkreditiv**	**Sicherungsübereignung**	**Lombardkredit**	**Hypothek**	**Grundschuld**
Fuhrpark							
Warenbestand							
Forderungen							

b) Erklären Sie, weshalb die Klausel „Die Ware bleibt bis zur vollständigen Bezahlung unser Eigentum" für zweiseitige Handelskäufe kein geeignetes Instrument ist, um das Zahlungsausfallrisiko des Lieferers zu verringern.

c) Weshalb beseitigt die Zahlungsbedingung „Dokumentenakkreditiv" das Zahlungsausfallrisiko?

d) Was ist bei „Realkrediten" real?

e) Vor welchen praktischen Problemen stehen Kreditgeber und Kreditnehmer beim Lombardkredit?

Lösung s. Seite 116

Aufgabe 8: Möglichkeiten der Kreditsicherung

Ihr Unternehmen wird in der nächsten Zeit für Investitionszwecke einen erhöhten Kapitalbedarf haben. Die Fragen der Geschäftsleitung an Sie:

a) „In welcher Höhe stehen mir noch Grundpfandrechte als Kreditsicherung zur Verfügung?"

b) „Welche weiteren Möglichkeiten der Kreditsicherung und in welcher Höhe bestehen für mein Unternehmen?"

Zu diesem Zweck haben Sie die aktuelle Bilanz Ihres Unternehmens aufbereitet:

AKTIVA	**Bilanz zum 31.12.20.. in Tsd. €**		**PASSIVA**
Grundstücke	150.000	Eigenkapital	450.000
Gebäude	600.000	Fremdkapital	
Maschinen	250.000	► kurzfristige Rückstellungen	150.000
Fuhrpark	120.000	► Grundschulden	350.000
Betriebs- und Geschäftsausstattung	80.000	► kurz- und mittelfristige Bankverbindlichkeiten	250.000
Vorräte	100.000	► Verbindlichkeiten aus LL	300.000
Forderungen	80.000		
Wertpapiere	40.000		
Bank, Kasse	80.000		
	1.500.000		1.500.000

Zur Kreditsicherung akzeptiert die Bank folgende Sätze:

► Grundstücke, Gebäude:	60 % des Beleihungswertes (Verkehrswert)
► Maschinen, Fuhrpark:	50 % des Beleihungswertes (Verkehrswert)
► Betriebs- und Geschäftsausstattung:	40 % des Zeitwertes
► Vorräte:	50 % des Einstandspreises
► Forderungen:	50 % des Forderungsbetrages
► Wertpapiere:	50 % des Kurswertes
► Bankguthaben:	100 % des Nennwertes

Zur Vereinfachung können Sie unterstellen, dass die Bilanzwerte dem Verkehrs- bzw. Kurswert sowie dem Einstandspreis bzw. Zeitwert entsprechen. Die Forderungen zur Besicherung des Kontokorrentkredits sind zu 100 % an die Bank abgetreten (stille Globalzession) Der Fuhrpark ist zu 50 % sicherungsübereignet.

c) Erklären Sie, was man unter einer stillen Globalzession versteht und nennen Sie einen Vorteil der stillen Zession für den Kreditnehmer (Zedent) sowie einen Nachteil für die Bank (Zessionar).

Lösung s. Seite 117

Aufgabe 9: Sicherungsübereignung

Ihre Firma hat zur Absicherung einer Forderung eine Maschinenanlage an die Bank sicherungsübereignet.

Erklären Sie diesen Begriff und stellen Sie den Unterschied zum Pfandrecht dar.

Lösung s. Seite 117

Aufgabe 10: Mittelfristiges Darlehen, Kontokorrentkredit, Rating, Maßnahmen zur Liquiditätsverbesserung

Die Handelshaus X-GmbH benötigt einen zusätzlichen Kapitalbedarf in Höhe von 50.000 € für drei Monate. Die Bank bietet ein Darlehen zu 7,5 % mit einer Laufzeit von vier Jahren und einer Bearbeitungsgebühr von 600 € an.

a) Nennen Sie jeweils zwei Vor- und Nachteile eines Darlehens im Vergleich zu einem Kontokorrentkredit.

b) Geben Sie für das Handelshaus eine begründete Empfehlung ab, ob der Kapitalzusatzbedarf über eine Erhöhung der Kontokorrentlinie (vereinbarter Zinssatz 12,5 %) oder über das Darlehen gedeckt werden sollte.

c) Aufgrund des erhöhten Kapitalbedarfs sollen Maßnahmen zur Liquiditätsverbesserung geprüft werden. Nennen Sie jeweils drei Maßnahmen zur Verbesserung der Einnahmenseite sowie zur Entlastung der Ausgabenseite.

d) Im Gespräch mit der Bank wird erwähnt, dass sich das Rating der X-GmbH verschlechtert habe. Erläutern Sie diese Aussage.

Lösung s. Seite 118

1.5.4 Mezzanine Finanzierungsformen

Aufgabe 1: Mezzanine-Kapital, Begriff

Erläutern Sie, was man unter Mezzanine-Kapital versteht.

Lösung s. Seite 119

Aufgabe 2: Merkmale von Mezzanine-Kapital

Mezzanine-Kapital nimmt eine Zwitterstellung zwischen der klassischen Außenfinanzierung durch Darlehen und der Außenfinanzierung durch Eigenkapital ein.

a) Beschreiben Sie vier Merkmale dieser Finanzierungsform.

b) Erläutern Sie, für welche Unternehmen diese Finanzierungsform geeignet ist und nennen Sie vier Einsatzgebiete für Mezzanine-Kapital.

c) Erläutern Sie die angegebenen vier Finanzierungsinstrumente in Stichworten mithilfe der nachfolgenden Tabelle:

Merkmale	Nachrangdarlehen	Typische stille Beteiligung	Genussscheine	Atypische stille Beteiligung
Informations-/ Zustimmungsrechte				
Haftung im Insolvenzfall				
Bilanzielles Eigenkapital				
Wirtschaftliches Eigenkapital				
Verlustteilnahme				

Lösung s. Seite 119

Aufgabe 3: Mezzanine-Kapital, Vorteile

Nennen Sie vier Vorteile von Mezzanine-Kapital.

Lösung s. Seite 120

1.5.5 Außenhandelsfinanzierung und Kreditsicherung im Außenhandel***

Aufgabe 1: Scheckinkasso, Orderscheck, d/p, d/a, L/C

Beantworten Sie im Rahmen der Außenhandelsfinanzierung folgende Fragen:

a) Warum ist ein Bank-Orderscheck sinnvoller als das Scheckinkasso?

b) Welches Risiko trägt der Importeur bei d/p bzw. d/a?

c) Welches Risiko trägt der Exporteur bei d/p bzw. d/a?

d) Welche Vorteile bietet die Akkreditivvereinbarung dem Exporteur?

e) Wann ist die Akkreditivbank nicht an ihre Akkreditiveröffnung gebunden?

f) Nennen Sie fünf Formen des Akkreditivs und erklären Sie zwei davon.

Lösung s. Seite 120

Aufgabe 2: Risiken im Auslandsgeschäft

Ihr Geschäftsführer möchte zukünftig das Auslandsgeschäft verstärken. Bisher Existiert wenig Erfahrung im Exporthandel. Er möchte von Ihnen eine Aufstellung der häufigsten Risiken im Auslandsgeschäft (mit Beispielen) und wissen, welche Möglichkeiten bestehen, sich dagegen abzusichern.

Lösung s. Seite 124

Aufgabe 3: Incoterms und Transportversicherung

Beantworten Sie folgende Fragen zum Thema „Incoterms“:

a) Welche Sachverhalte regeln Incoterms und welche regeln sie nicht?

b) Ein Verkäufer in Greifswald will nach Xian/China liefern. Welche Klausel muss er wählen, wenn er außer den Verpackungskosten keine weiteren Kosten für den Versand übernehmen und weiterhin die Kosten für die Transportversicherung ausschließen will?

c) Bei welcher Klausel übernimmt der Verkäufer die Kosten für die Transportversicherung?

d) Welche Incoterm-Gruppe ist für den Verkäufer bezüglich der Kosten und der Haftung am ungünstigsten?

e) Welche Vorteile bieten Incoterms im Gegensatz zu frei ausgehandelten Verträgen?

f) Welche Incoterms eignen sich für jede Transportart? Welche eignen sich nur für See-/Binnenschifftransporte?

Lösung s. Seite 125

Aufgabe 4: Transportversicherung

Beantworten Sie folgende Fragen:

a) Welche Schäden deckt die Transportversicherung?

b) Wer muss die Transportversicherung abschließen?

c) Tritt die Transportversicherung auch bei der Großen Havarie ein?

d) In welcher Form können Transportversicherungen abgeschlossen werden?

Lösung s. Seite 125

1.6 Finanzplanung

Aufgabe 1: Monatliche Finanzplanung (1)

In der Metallbau GmbH sollen Sie die monatliche Finanzplanung für das erste Halbjahr der kommenden Periode erstellen. Es liegen folgende Planwerte vor (Angaben in €):

Finanzplan 20.. – 1. Halbjahr –						
	Januar	Februar	März	April	Mai	Juni
Auszahlungen:						
Material	131.387,30	127.854,52	157.588,29	140.964,90	136.725,85	127.488,20
Personal	266.572,00	264.799,67	265.057,13	280.689,21	290.057,61	335.582,24
Investitionen	22.000,00	282.000,00	147.458,00	92.500,00	572.500,00	144.000,00
Instandhaltung	5.000,00	5.000,00	32.100,00	26.400,00	27.850,00	49.850,00
Sonstige	91.040,70	39.345,81	35.796,58	28.445,89	34.866,54	8.079,56
Einzahlungen:						
Umsätze	475.590,69	716.572,15	751.333,24	796.509,67	768.970,61	734.132,13
Sonstige	1.409,31	427,85	666,76	1.490,33	1.029,39	80.867,87

Das Girokonto hat im Januar einen Anfangsbestand (AB) von 50.000 €. Mit der Hausbank ist ein Kontokorrentkredit über 50.000 € bis Mitte nächsten Jahres vertraglich vereinbart. Für den Monat Juni ist eine Tilgungsrate von 50.000 € für ein Darlehen über 200.000 € fällig. Derzeit bietet die Bank ein Festgeldkonto für ein bis drei Monate zu variablen Konditionen je nach Marktlage an.

a) Erstellen Sie für den Halbjahreszeitraum die monatliche Liquiditätsentwicklung (Liquiditätsbedarf bzw. -überschuss).

b) Entscheiden Sie, wie ein evtl. monatlicher Liquiditätsbedarf zu finanzieren ist und schlagen Sie vor, wie ein evtl. Liquiditätsüberschuss zu verwenden ist. Gehen Sie zur Vereinfachung davon aus, dass sich keine Tagesspitzenwerte ergeben, der Monatsendbestand also für den gesamten Monat Gültigkeit hat. Umsatzsteuer ist nicht zu berücksichtigen.

c) Stellen Sie die Entwicklung der Konten (Giro-, Festgeld-, Darlehenskonto) dar.

Lösung s. Seite 127

Aufgabe 2: Monatliche Finanzplanung (2)

Der Bilanzwert des Kassenbestandes und des Guthabens bei der Bank beträgt zum 31.12. 100 Tsd. €. Für das kommende Halbjahr Januar bis Juni wird mit folgenden Zahlungsvorgängen gerechnet (Angaben in Tsd. €):

- Einzahlungen aus Umsatzerlösen: 1.000, 1.100, 1.000, 1.200, 1.000, 1.300
- Einzahlungen aus Anlagenverkäufen im Februar, Mai und Juni: 30, 50, 50
- Auszahlungen für Material: 300 im Januar bis Mai; 350 im Juni
- Auszahlungen für Löhne: 500 im Januar bis Mai; 650 im Juni
- Auszahlungen für Sachkosten: 200 im Januar; in den Folgemonaten jeweils ein Anstieg um 10 Tsd. € gegenüber dem Vormonat.
- Auszahlungen für Investitionen: März und Mai: 150 und 400
- Auszahlung für Annuitätendarlehen: jeweils am Quartalsende: 30

Das Unternehmen hat einen Kontokorrentkredit von 150 Tsd. €.

a) Erstellen Sie einen monatlichen Finanzplan für das erste Halbjahr der kommenden Periode und weisen Sie jeweils den Zahlungsmittelbestand pro Monat aus. Gehen Sie zur Vereinfachung davon aus, dass sich keine Tagesspitzenwerte ergeben, der Monatsendbestand also für den gesamten Monat Gültigkeit hat. Umsatzsteuer ist nicht zu berücksichtigen.

b) Schlagen Sie vor, wie eine evtl. Liquiditätsunterdeckung kurzfristig finanziert werden kann.

Lösung s. Seite 128

Aufgabe 3: Finanzplanung für das IV. Quartal inkl. Umsatzsteuerzahllast***

Die Firma Schulz & Söhne ist ein Einzelhandelsunternehmen. Sie erstellt eine Einnahmen-Überschussrechnung. Die Betriebseinnahmen sind im Zeitpunkt des Zuflusses zu erfassen.

Für die Finanzplanung des IV. Quartals legen Sie bitte folgende Angaben zu Grunde:

- Der Bestand an liquiden Mitteln beträgt Ende September 30.000 €.
- Die Umsatzerlöse betragen monatlich netto 100.000 €. Davon gehen 60 % im gleichen Monat, 30 % im Folgemonat und 10 % nach zwei Monaten ein. Die Umsatzsteuer ist 19 %.
- Ende des Jahres ist ein Darlehen zu bedienen: 30.000 € Tilgung, 8.000 € Zinsen.
- Die Ausgaben für Personal betragen gleichmäßig 35.000 € pro Monat.
- Die monatlichen Material- und Sachausgaben belaufen sich auf 47.600 € inkl. 19 % Vorsteuer.
- Im November wird ein Firmen-Pkw bar bezahlt (Einkaufspreis: 23.800 € inkl. 19 % USt).

- Für den September ergibt sich eine Umsatzsteuerzahllast von 4.000 €, die am 10. des Folgemonats fällig ist.

Ermitteln Sie die Über-/Unterdeckung für die Monate Oktober bis Dezember und berücksichtigen Sie dabei die Umsatzsteuer-Zahllast, die im Dezember zu entrichten ist.

Lösung s. Seite 129

Aufgabe 4: Analyse der kurzfristigen Finanzplanung, Maßnahmen der Gegensteuerung

Von der Metallbau GmbH liegt die Finanzplanung der 1. bis 4. Kalenderwoche vor (Angaben in Tsd. €). Von der Bank wurde ein Kontokorrentkredit von 100.000 € eingeräumt.

Kurzfristige Finanzplanung		1. KW	2. KW	3. KW	4. KW	Summe
		alle Angaben in Tsd. €				
Einnahmen:						
	Forderungen aus LL	20	25	10	10	65
	Umsätze	400	350	300	300	1.350
	Anzahlungen	80	100	60	80	320
	sonstige Einnahmen	20	40	10	10	80
	Summe Einnahmen	520	515	380	400	1.815
Ausgaben:						
	Löhne und Gehälter			120		120
	Lohnsteuer		15			15
	Sozialabgaben		50			50
	Berufsgenossenschaft		5			5
	Verbindlichkeiten aus LL	380	350	400	360	1.490
	Darlehen	30			10	40
	Steuern		20			20
	Tilgung	10				10
	Privatentnahmen	10			5	15
	sonstige Ausgaben	50	50			100
	Summe Ausgaben	480	490	520	375	1.865
Saldo: Einnahmen - Ausgaben		40	25	- 140	25	
Bankkonto; Anfangsbestand: - 50		- 10	15	- 125	- 100	
Limite: 100						

a) Analysieren Sie das Ergebnis der kurzfristigen Finanzplanung.

b) Nennen Sie jeweils zwei potenzielle Maßnahmen im Einnahmen-/im Ausgabenbereich zur Behebung von Unterliquidität.

Lösung s. Seite 130

Aufgabe 5: Finanzplanung, Maßnahmen zur Verbesserung der Liquidität

Drohender Unterliquidität kann im Rahmen der Finanzplanung durch geeignete Maßnahmen zur Verbesserung der Einzahlungsseite und/oder durch Möglichkeiten zur Entlastung der Auszahlungsseite entgegengewirkt werden. Nennen Sie jeweils vier generell geeignete Maßnahmen.

Lösung s. Seite 130

1.7 Unternehmensrating***

Aufgabe 1: Basel II: Auswirkungen auf Kreditvergabe und Konditionen

Mit dem Begriff „Baseler Akkord II" (kurz: Basel II) bezeichnet man die internationalen Vereinbarungen zur Bankenaufsicht, die von einem Ausschuss der Bank für Internationalen Zahlungsausgleich (BIZ) mit Sitz in Basel entwickelt wurden.

a) Erläutern Sie, welcher Zusammenhang zwischen der Eigenkapitalrichtlinie Basel II und der Kreditvergabepraxis der Banken besteht.

b) Beschreiben Sie zwei volkswirtschaftliche Auswirkungen von Basel II.

Lösung s. Seite 131

Aufgabe 2: Rating (1)

Beim Rating werden quantitative Faktoren (auch: Finanzrating) und qualitative Faktoren erfasst. Die qualitativen Faktoren werden vom Deutschen Sparkassen- und Giroverband (DSGV) weiterhin in „harte" und „weiche" Faktoren unterteilt.

a) Beschreiben Sie, wie der DSGV die „harten" und „weichen" Faktoren im Rahmen des qualitativen Ratings definiert und geben Sie jeweils drei Beispiele.

b) Antworten des Kunden zu den weichen, qualitativen Faktoren werden vom Kundenberater der Bank mithilfe sog. „Leitplanken" beurteilt. Beschreiben Sie diesen Begriff und geben Sie ein Beispiel.

c) Im letzten Quartal kam es durch eine unsachgemäße Finanzplanung in Ihrem Unternehmen dazu, dass mehrere Lastschriften wegen mangelnder Deckung nicht eingelöst werden konnten. Zur Vorbereitung des Bankgesprächs möchte die Geschäftsleitung von Ihnen wissen, ob sich dieser Sachverhalt auf das Rating Ihres Unternehmens auswirkt.

d) Stellen Sie dar, mit welchen Anteilen die quantitative Faktoren, die qualitativen Faktoren sowie das Kontoverhalten des Kunden in die Rating-Note eingehen.

Lösung s. Seite 131

Aufgabe 3: Rating (2) – Fallstudie

Nach Abschluss Ihrer Fortbildung sind Sie bei der Steuerberatung Kanzle & Partner in leitender Position tätig und betreuen Gewerbetreibende. Vor Ihnen liegen die Jahresabschlüsse aus dem Zeitraum Jahr 01 bis Jahr 03 des Mandaten „Hubert Eschbürger. Metallbau, Prignitz“. Das Datenmaterial ist nach DATEV aufbereitet:

	Jahr 01	Jahr 02	Jahr 03	Abweichung	Jahr 01	Jahr 02	Jahr 03	Branchendurchschnitt
	Tsd. €	Tsd. €	Tsd. €	Vorperiode in %	Strukturkennzahlen in % der Bilanzsumme			
Immaterielle Anlagen	**0**	**1**	**1**	0,0	0,0	0,3	0,2	
Grundstücke, Gebäude	214	206	197	- 4,4	58,9	67,3	46,4	
Anlagen und Maschinen	2	1	1	0,0	0,6	0,3	0,2	
Betriebs-/ Geschäftsausstattung	44	39	49	26,6	12,1	12,8	11,5	
Sachanlagen	**260**	**246**	**247**	0,4	71,5	80,6	58,1	
Finanzanlagen	0	0	0	0,0	0,0	0,0	0,0	
Anlagevermögen	**260**	**247**	**248**	0,4	71,6	80,7	58,4	10,2 - 54,4
Unfertige Erzeugnisse	62	16	133	73,1	17,1	5,2	31,3	
Fertige Erzeugnisse	7	8	9	12,5	1,9	2,6	2,1	
Vorräte	**69**	**26**	**142**	468,0	19,0	8,5	33,4	
Forderungen aus LL	5	9	3	- 66,7	1,4	2,9	0,7	
Flüssige Mittel	0	5	1	- 80,0	0,0	1,6	0,2	
Sonstiges Umlaufvermögen	14	11	13	18,2	3,9	3,6	3,1	
Umlaufvermögen	**88**	**51**	**159**	218,0	24,2	16,7	37,4	30,0 - 54,6
Unterbilanz	**15**	**8**	**18**	122,0	4,1	2,6	4,2	
Haftendes Eigenkapital (netto)	**- 37**	**- 46**	**- 50**	- 8,7	- 10,2	- 15,1	- 11,8	
SoPo mit Rückl. Anteil (60 %)	22	38	32	- 15,9	5,9	12,4	7,5	
Wirtschaftliches Eigenkapital	**- 15**	**- 8**	**- 18**	- 122,0	- 4,1	- 2,6	- 4,2	0,0 - 34,3
SoPo mit Rückl. Anteil (40 %)	14	25	21	- 15,9	3,9	8,2	4,9	
Sonstige Rückstellungen	10	13	14	7,7	2,8	4,2	3,3	
davon: Steuerrückstellungen	0	2	3	50,0	0,0	0,7	0,7	
Rückstellungen	**24**	**38**	**35**	- 7,9	6,6	12,4	8,2	3,0 - 7,5
davon: mittelfristig	15	27	22	- 18,4	4,1	8,8	5,2	
davon: langfristig	9	11	13	18,2	2,5	3,6	3,1	
Kredite von Kreditinstituten	234	213	210	- 1,4	64,4	69,6	49,4	
Verbindlichkeiten aus LL	48	34	30	- 11,8	13,2	11,1	7,1	
Anzahlungen	42	9	133	1.377,7	11,6	2,9	31,3	
Steuer-/Sozialverbindlichkeiten	6	6	7	16,6	1,7	2,0	1,6	
Sonstige Verbindlichkeiten	9	5	10	100,0	2,5	1,6	2,4	

	Jahr 01 Tsd. €	Jahr 02 Tsd. €	Jahr 03 Tsd. €	Abweichung Vorperiode in %	Jahr 01 Strukturkennzahlen in % der Bilanzsumme	Jahr 02	Jahr 03	Branchendurchschnitt
Verbindlichkeiten	**339**	**267**	**390**	46,1	93,3	87,3	91,8	
dav.: Laufzeit über 5 Jahre	144	135	135	0,0	39,7	44,1	31,8	
dav.: Laufzeit über 1 Jahr bis 5 Jahre	50	40	47	17,5	13,8	13,1	11,1	
dav.: Laufzeit bis zu einem Jahr	145	92	208	126,1	39,9	30,1	48,9	
Bilanzsumme	**363**	**306**	**425**	39,3				
Nettoumsatz	**245**	**330**	**265**	- 19,7	85,7	116,2	69,4	
± Bestandsveränderungen	36	- 46	117	354,3	12,6	- 16,2	30,6	
+ aktivierte Eigenleistungen	5	0	0	0,0	1,7	0,0	0,0	
Gesamtleistung	**286**	**284**	**382**	34,5	100,0	100,0	100,0	
- Materialaufwand	- 107	- 96	-192	100,0	37,4	33,8	50,3	
Rohertrag	**179**	**188**	**190**	1,1	62,6	66,2	49,7	56,1 - 74,5
- Personalaufwand	- 98	- 43	- 90	109,3	34,3	15,1	23,6	
- Planmäßige Abschreibungen	- 25	- 22	- 29	31,8	8,7	7,7	7,6	1,5 - 5,3
- Betriebssteuern	- 1	- 1	- 1	0,0	0,3	0,4	0,3	
- Kfz-Aufwand	- 11	- 15	- 14	- 6,7	3,8	5,3	3,7	
- Werbeaufwand	- 1	- 2	- 2	100,0	0,3	0,7	0,5	
- Fremdreparaturen/Instandh.	- 2	- 2	- 2	0,0	0,7	0,7	0,5	
- Sonst. betriebl. Aufwand	- 24	- 36	- 24	- 33,3	8,4	12,7	6,3	
Teil-Betriebsergebnis	**17**	**67**	**28**	- 58,2	5,9	23,6	7,3	5,2 - 21,2
- Zinsaufwand	- 19	- 15	- 14	- 6,7	6,6	5,3	3,7	0,5 - 3,1
+ Sonstige laufende Erträge	2	3	4	33,3	0,7	1,1	1,0	
Betriebsergebnis	**0**	**55**	**18**	- 67,3	0,0	19,4	4,7	4,6 - 19,6*
+ Neutrale Erträge	14	9	23	130,0	4,9	3,2	6,0	
- Sonstiger neutraler Aufwand	0	- 29	- 6	- 73,3	0,0	10,2	1,6	
Neutrales Ergebnis	**14**	**- 19**	**17**	189,5	4,9	- 6,7	4,5	
Jahresergebnis	14	36	35	0,0	4,9	12,3	9,2	
- Privatentnahmen	- 30	- 51	- 47	- 7,8	10,5	18,0	12,3	
+ Kapitaleinlagen	20	10	8	- 20,0	7,0	3,5	2,1	
± Sonstige EK-Veränderungen	20	10	8	- 20,0	7,0	3,5	2,1	
Eigenkapitalveränderung	- 2	8	- 10	- 242,9				

*Betriebsrentabilität: 8,0 - 15,0

Sie sind damit beschäftigt, das Gespräch des Kunden mit seiner Hausbank in der nächsten Woche vorzubereiten. Zentraler Gegenstand der Besprechung ist der Antrag Ihres Mandanten auf Verlängerung des Kontokorrentkredits über 150.000 €.

Aufgabenstellung:
Führen Sie ein internes (verkürztes) Finanzrating auf der Basis der folgenden Kennzahlen (Merkmale) durch.

1. Eigenkapitalquote
2. Zinsaufwandquote
3. Anlagenintensität
4. Umlaufintensität

5.1 Liquidität 1. Grades

5.2 Liquidität 2. Grades

5.3 Liquidität 3. Grades

6.1 Deckungsgrad I

6.2 Deckungsgrad II

6.3 Deckungsgrad III

7. Rückstellungsquote
8. Abschreibungsintensität
9. Umsatzrentabilität (= Betriebsergebnis in % der Gesamtleistung)
10. Betriebsrentabilität (= Betriebsergebnis in % der Bilanzsumme)

INFO

Aus verständlichen Gründen kann weder in diesem Buch noch in der IHK-Prüfung ein komplettes Finanzrating durchgeführt werden. Es soll hier exemplarisch (verkürzt) anhand von (nur) zehn Kennzahlen (Merkmalen) zur Vermögens-, Finanz- und Ertragslage ein Ratingwert ermittelt werden. Als Brücke zum Ratingcode von Standard Poor´s wird eine 100-Punkte-Skala der TU Ilmenau verwendet; vgl. www.mars-software.de

Legen Sie bei Ihrem Selbst-Rating folgende Klassifizierung zu Grunde:

Erreichte Punktzahl	Güteklasse	Bedeutung
93 ... 100	A	gut
91 ... 92	A^-	
89 ... 90	B^+	ausreichend
83 ... 88	B	
81 ... 82	B^-	
79 ... 80	C^+	bedingt ausreichend
73 ... 78	C	
71 ... 72	C^-	
unter 71	D	nicht ausreichend

Sie erhalten das Ergebnis Ihres Finanzratings in folgenden Schritten:

- Berechnen Sie die jeweilige Kennzahl (das Merkmal) der Jahre 02 und 03.
- Ermitteln Sie für jedes der zehn Merkmale die Punktzahl auf der Basis der Güteklasse unter Berücksichtigung der Jahreswerte 02 und 03. Berücksichtigen Sie dabei auch die Branchendurchschnittswerte sowie die Finanz-/Bankregeln.
- Bilden Sie aus der Summe der Punktzahlen das arithmetische Mittel.
- Ordnen Sie diesen Mittelwert der Güteklasse zu (= Ratingwert, gesamt)

Lösung s. Seite 133

Aufgabe 4: Rating (3)

Das Ergebnis des Ratingprozesses hängt ab von der Bewertung qualitativer und quantitativer Faktorengruppen.

a) Nennen Sie jeweils drei Faktorengruppen mit jeweils drei Beispielen.

b) Nennen Sie drei Beispiele für Warnsignale, die die Ratingnote erheblich verschlechtern können.

Lösung s. Seite 136

Aufgabe 5: Basel III

Erläutern Sie die Auswirkungen von Basel III auf die Kreditvergabe.

Lösung s. Seite 137

1.8 Finanzmärkte (Überblick)***

Aufgabe 1: Finanzmärkte, Funktionen

Erläutern Sie, was man unter Finanzmärkten versteht und welche Funktionen sie erfüllen.

Lösung s. Seite 138

Aufgabe 2: Derivate

Erläutern Sie, was Derivate sind und beschreiben Sie vier Beispiele.

Lösung s. Seite 138

Aufgabe 3: Struktur der Finanzmärkte

Stellen Sie in einer Übersicht dar, welche produktbezogene Struktur die Finanzmärkte haben.

Lösung s. Seite 139

Aufgabe 4: Kredit- und Zinsmanagement

Im Rahmen des Zinsmanagements gibt es eine Vielzahl von Ansätzen, um die bestehenden Kreditstrukturen zu optimieren bzw. im Sinne einer Liquiditätsverbesserung die aus dem Kapitaldienst erwachsenden Belastungen zu verringern.

a) Nennen Sie in diesem Zusammenhang
   - vier traditionelle Instrumente zur Kreditgestaltung und
   - vier (moderne) Zinsmanagement-Instrumente.

b) Ein Unternehmen hat ein Fälligkeitsdarlehen über 2 Mio. € zu 6,5 % mit einer Restlaufzeit von drei Jahren. Da mit sinkendem Zinsniveau gerechnet wird, vereinbart das Unternehmen mit der Bank einen Zinsswap auf Basis des Sechs-Monats-Euribors (zurzeit bei 4,5 %). Die Bank verlangt eine Marge von 0,5 % vom Kreditbetrag. Berechnen Sie den Zinsvorteil für das erste Jahr und unterstellen Sie dabei vereinfachend, dass der Euribor sich nicht ändert.

c) Ein Kunde hat mit seiner Bank ein CAP-Darlehen vereinbart. Beschreiben Sie den Vorteil für den Kunden.

Lösung s. Seite 139

1.9 Analyse der Unternehmensfinanzierung

Aufgabe 1: Cashflow-Berechnung, Verhältnis von Eigen- und Fremdfinanzierung, Leverage-Effekt

Für die Maschinenbau GmbH wurde die Bilanz für das Jahr 02 erarbeitet. Zum Vergleich sind die Vorjahreszahlen beigefügt. In der Gewinn- und Verlustrechnung werden ausgewiesen:

	Jahr 02	Jahr 01
Umsatz	42.376 Tsd. €	40.518 Tsd. €
Abschreibungen auf Sachanlagen	2.647 Tsd. €	2.610 Tsd. €
Zinsaufwand für Fremdkapital	630 Tsd. €	860 Tsd. €

Für die Sitzung der Geschäftsleitung mit den Anteilseigner sollen Sie einige Ergebnisse erläutern.

Bilanz zum 31.12. Jahr 02 der Maschinenbau GmbH (in Tsd. €):

AKTIVA	**Jahr 02**	**Jahr 01**
A. Anlagevermögen		
I. Immaterielle Vermögensgegenstände	34	10
II. Sachanlagen	9.500	8.515
III. Finanzanlagen	7.967	7.789
Summe Anlagevermögen	**17.501**	**16.314**
B. Umlaufvermögen		
I. Vorräte	7.370	6.162
II. Forderungen und sonst. Vermögensgegenstände	12.340	11.900
III. Wertpapiere	5.141	3.061
VI. Kassenbestand, Guthaben bei Kreditinstituten	4.631	8.063
Summe Umlaufvermögen	**29.482**	**29.186**
Summe Aktiva	**46.983**	**45.500**

PASSIVA	**Jahr 02**	**Jahr 01**
A. Eigenkapital		
I. Gezeichnetes Kapital	5.800	5.800
II. Kapitalrücklage	1.864	1.900
III. Gewinnrücklagen	12.685	13.000
IV. Bilanzgewinn	3.064	1.638
Summe Eigenkapital	**23.413**	**22.338**
B. Rückstellungen		
I. Für Pensionen und ähnliche Rückstellungen	16.150	14.900
II. Steuerrückstellungen	120	562
III. Sonstige Rückstellungen	4.100	4.200
C. Verbindlichkeiten	**3.200**	**3.500**
Summe Passiva	**46.983**	**45.500**

a) Ermitteln Sie die Eigenkapitalquote für das Jahr 02 und erläutern Sie, ob die Kennzahl mit der vertikalen Kapitalstrukturregel in Einklang steht.

b) Berechnen Sie den Cashflow für das Jahr 02 nach einer Ausschüttung von 2.000 Tsd. €.

c) Nennen Sie vier Vorteile der Cashflow-Finanzierung im Vergleich zur Finanzierung durch Fremdkapital.

d) Ermitteln Sie die Entwicklung der Eigen- und der Gesamtkapitalrentabilität und kommentieren Sie das Ergebnis.

e) Ermitteln Sie für das Jahr 02 die Cashflow-Umsatzrate (-rendite) sowie die Schuldentilgungsdauer (in Jahren) unter Verwendung des Cashflowwertes aus Frage b) und kommentieren Sie Ihr Ergebnis.

f) Die Maschinenbau GmbH plant für die kommende Periode eine Erweiterungsinvestition in Höhe von 6.000 Tsd. €. Es besteht die Möglichkeit, die Anschaffung über die KfW-Bank fremd zu finanzieren zu einem Zinssatz von 5 %.

   Beschreiben Sie, welche Auswirkungen diese Maßnahme auf die Eigenkapitalrendite hat (die übrigen Bedingungen sind unverändert).

g) Beantworten Sie die Frage f) unter der Bedingung, dass die KfW-Bank die Finanzierung des Objekts ablehnt und das Unternehmen auf ein Bankangebot mit einer Zinskondition von 9 % zurückgreifen muss.

h) Ermitteln Sie für das Jahr 02 den Anlagendeckungsgrad I und beurteilen Sie das Ergebnis.

Lösung s. Seite 140

Aufgabe 2: Zwischenbetrieblicher Vergleich, ROI

Zur Vorbereitung eines zwischenbetrieblichen Vergleichs liegen Ihnen folgende Daten regionaler Wettbewerber vor (Angaben in Tsd. €):

	Unternehmen 1	Unternehmen 2	Unternehmen 3
Umsatzerlöse	4.200	2.800	2.700
Gewinn	252	140	270
Fremdkapital	140	120	100
Bilanzsumme	1.200	1.400	1.800

a) Erstellen Sie ein Ranking der drei Unternehmen nach folgenden Kennzahlen:

1. Gewinn,
2. Kapitalumschlagshäufigkeit,
3. Umsatzrentabilität,
4. ROI

und kommentieren Sie das Ergebnis Ihrer Rechnung.

b) Schlagen Sie allgemein Maßnahmen zur Verbesserung des ROI vor. Gehen Sie davon aus, dass die Umsatzerlöse aufgrund festgefügter Marktanteile kurzfristig nicht wesentlich beeinflusst werden können.

Lösung s. Seite 142

Aufgabe 3: Kennzahlen zur Analyse der Kapitalstruktur und der Fristenkongruenz

Vor Ihnen liegt die (vereinfachte) Bilanz der Metallbau GmbH. Ermitteln Sie die nachfolgenden Kennzahlen, kommentieren Sie das Ergebnis Ihrer Berechnung und geben Sie eine Gesamtempfehlung zur Gestaltung der Kapitalstruktur.

AKTIVA	**Bilanz zum 31.12.20.. in Tsd. €**		**PASSIVA**
Anlagevermögen	500	Eigenkapital	300
Vorräte[1]	250	Langfristiges Fremdkapital	400
Forderungen[2]	300	Kurzfristiges Fremdkapital	500
Wertpapiere[2]	50		
Bank, Kasse	50		
	1.200		1.200

Kennzahlen:

1. Anspannungskoeffizient
2. Verschuldungskoeffizient

[1] Der Bilanzwert ist vereinfachend mit dem Sicherheitsbestand gleichzusetzen.

[2] kurzfristig

3. Verhältnis von langfristigem Vermögen zu langfristigem Kapital
4. Deckungsgrad III
5. Working Capital
6. Liquidität 2. Grades

Lösung s. Seite 143

Aufgabe 4: Cashflow und Entschuldungsdauer, Rating

Für die diesjährige Planungssitzung der Geschäftsleitung sollen Sie die Cashflowentwicklung sowie die Entschuldungsdauer des Unternehmens anhand der nachfolgenden Angaben erläutern. Gehen Sie dabei auf die Wirkung bezogen auf das Banken Rating ein.

		3. Vorjahr Tsd. €	**2. Vorjahr Tsd. €**	**1. Vorjahr Tsd. €**	**Berichtsjahr Tsd. €**
	Betriebsergebnis	984	1.378	1.205	2.977
	AfA	707	803	827	809
	Erhöhung der lfr. Rückstellungen	75	262	73	26
=	**Cashflow**				
	Steuern vom E u. E/ Privatentnahmen für Steuern	674	440	875	1.206
	Gewinnausschüttungen	405	306	506	508
	Anzahlungen für Investitionen	300	400	306	308
	Tilgungsverpflichtungen	31	31	31	31
=	**Verfügbarer Cashflow**				
	Langfristiges Fremdkapital	1.608	1.638	709	2.059
	Kurzfristiges Fremdkapital	3.732	6.056	1.708	3.313
=	Bruttoverschuldung				
-	Liquide Mittel	767	557	955	1.799
=	**Nettoverschuldung**				
=	**Entschuldungsdauer** $\frac{\textbf{Nettoverschuldung}}{\textbf{Verfügbarer Cashflow}}$				

Lösung s. Seite 145

Aufgabe 5: Auswertung der Kapitalflussrechnung***

Einer Pressemitteilung wurde die nachfolgende (vereinfachte) Kapitalflussrechnung einer AG nach IFRS entnommen:

Kapitalflussrechnung der Berlin AG nach IFRS in Tsd. €	
Konzernergebnis	80.000
Abschreibungen/Zuschreibungen auf immaterielle Vermögenswerte	35.000
Abschreibungen/Zuschreibungen auf Sachanlagen	21.000
Veränderung der Vorräte und Forderungen aus Lieferungen und Leistungen	- 1.000
Veränderung der Verbindlichkeiten aus Lieferungen und Leistungen	- 8.000
Veränderung anderer Aktiva, die nicht der Investitions- oder Finanzierungstätigkeit zuzuordnen sind	- 6.000
Zinsergebnis	20.000
Veränderung der latenten Steuern	2.000
Laufender Ertragsteueraufwand	28.000
Gezahlte Steuern	- 26.000
Cashflow aus laufender Geschäftstätigkeit	**145.000**
Auszahlungen für Investitionen in immaterielle Vermögenswerte	- 20.000
Auszahlungen für Investitionen in Sachanlagen	- 30.000
Auszahlungen für den Erwerb von konsolidierten Unternehmen	- 52.000
Einzahlungen aus Abgängen von Sachanlagen	1.000
Erhaltene Zinsen	11.000
Cashflow aus der Investitionstätigkeit	**- 90.000**
Einzahlungen aus Eigenkapitalzuführungen	1.000
Auszahlungen an Unternehmenseigner/Minderheitsgesellschafter	- 19.000
Einzahlungen aus der Aufnahme von Finanzkrediten	108.000
Auszahlungen für die Tilgung von Finanzkrediten	- 114.000
Gezahlte Zinsen	- 32.000
Cashflow aus der Finanzierungstätigkeit	**- 56.000**
Zahlungswirksame Veränderung der Zahlungsmittel (Summe a) bis c))	- 1.000
Zahlungsmittel am Anfang der Periode	38.000
Zahlungsmittel am Ende der Periode	**37.000**

a) Ermitteln Sie den Cashflow in seiner einfachsten Berechnungsmethode.

b) Erläutern Sie, wie der Cashflow aus laufender Geschäftstätigkeit verwendet wurde.

c) Beurteilen Sie die Entwicklung der Finanzkredite.

d) Beurteilen Sie, ob eine Über- oder Unterfinanzierung existiert.

Lösung s. Seite 145

Aufgabe 6: Bewegungsbilanz

Nachfolgend sind die aufbereiteten Bilanzen einer GmbH aus den Perioden 1 und 2 dargestellt:

Bilanz 1

AKTIVA	Euro	PASSIVA	Euro
Maschinen	350.000	Eigenkapital	592.800
Fuhrpark	75.000	Pensionsrückstellungen	12.000
Vorräte	499.600	Darlehen	375.000
Forderungen	117.600	Verbindlichkeiten	112.400
Flüssige Mittel	50.000		
	1.092.200		1.092.200

Bilanz 2

AKTIVA	Euro	PASSIVA	Euro
Maschinen	280.000	Eigenkapital	624.000
Fuhrpark	60.000	Pensionsrückstellungen	94.000
Vorräte	620.700	Darlehen	351.000
Forderungen	189.100	Verbindlichkeiten	118.000
Flüssige Mittel	37.200		
	1.187.000		1.187.000

a) Erläutern Sie den Aussagewert einer Bewegungsbilanz.

b) Erstellen Sie eine Bewegungsbilanz in Kontenform auf der Grundlage der Einzelpositionen der Bilanzen 1 und 2.

c) Analysieren Sie die von Ihnen erstellte Bewegungsbilanz hinsichtlich der Mittelherkunft und Mittelverwendung.

Lösung s. Seite 146

Aufgabe 7: Kennzahlen (1)

Bei der Analyse der Unternehmensentwicklung werden Kennzahlen zur Beschreibung der Vermögenslage, der Finanzlage und der Ertragslage eingesetzt.

Nennen Sie jeweils sechs Beispiele.

Lösung s. Seite 148

Aufgabe 8: Jahresabschlussanalyse

Bilanz und GuV der Metall GmbH weisen im Berichtsjahr folgende Daten in Tsd. € aus:

Bilanz der Metallbau GmbH, Berichtsjahr

AKTIVA			Tsd. €
A.	Anlagevermögen		
	I.	Immaterielle Vermögensgegenstände	880
	II.	Sachanlagen	29.600
	III.	Finanzanlagen	4.946
B.	Umlaufvermögen		
	I.	Vorräte	1.790
	II.	Forderungen und sonstige Vermögensgegenstände	5.152
	III.	Wertpapiere	600
	IV.	Flüssige Mittel	2.680
C.	Rechnungsabgrenzungsposten		260
			45.908

PASSIVA			Tsd. €
A.	Eigenkapital		
	I.	Gezeichnetes Kapital	6.660
	II.	Kapitalrücklage	1.620
	III.	Gewinnrücklagen	2.250
	IV.	Gewinnvortrag/Verlustvortrag	800
	V.	Jahresüberschuss/Jahresfehlbetrag	126
B.	Rückstellungen		5.625
C.	Verbindlichkeiten[1]		28.451
D.	Rechnungsabgrenzungsposten		376
			45.908

[1] davon:	Langfristig:		16.330
	Kurzfristig:		12.121
	davon:	> 15 Tage:	11.811
		< 15 Tage:	310

Gewinn- und Verlustrechnung der Metallbau GmbH, Berichtsjahr

		Tsd. €
1.	Umsatzerlöse	27.739
2.	Bestandsveränderungen	548
3.	aktivierte Eigenleistungen	630
4.	sonstige betriebliche Erträge	594
5.	Materialaufwand	- 12.053
6.	Personalaufwand	- 11.232
7.	Abschreibungen	- 2.349
8.	sonstige betriebliche Aufwendungen	- 2.892
9.	Erträge aus Beteiligungen	449
10.	Erträge aus anderen Wertpapieren	160
11.	Zinsen und ähnliche Aufwendungen	- 1.959
12.	Ergebnis der gewöhnlichen Geschäftstätigkeit	- 365
13.	außerordentliche Erträge	760
14.	außerordentliche Aufwendungen	- 130
15.	Steuern vom Einkommen und vom Ertrag	- 75
16.	sonstige Steuern	- 64
17.	Jahresüberschuss/Jahresfehlbetrag	**126**

a) Ermitteln Sie die nachfolgenden Kennzahlen und beurteilen Sie jeweils das Ergebnis Ihrer Rechnung (es sind keine Umgliederungen und Umbewertungen vorzunehmen):

1. Anlagenintensität
2. Vorratsintensität
3. Umlaufintensität (Arbeitsintensität)
4. Forderungsintensität
5. Umschlagshäufigkeit des Kapitals
6. Kapitalumschlagsdauer in Tagen
7. Umschlagshäufigkeit der Forderungen
8. Ø Laufzeit der Forderungen in Tagen
9. Abschreibungsquote
10. Anlagennutzungsgrad
11. Eigenkapitalquote
12. Fremdkapitalquote
13. Verschuldungskoeffizient
14. Liquidität I. Grades

15. Liquidität II. Grades
16. Liquidität III. Grades
17. Working Capital
18. Deckungsgrad A
19. Deckungsgrad B
20. Deckungsgrad C
21. Cashflow (im engeren Sinne)
22. Cashflow-Umsatzrate
23. Schuldentilgungsdauer
24. Investitions-/Innenfinanzierungsgrad
25. Selbstfinanzierungsgrad
26. Personalintensität
27. ∅ Personalaufwand
28. Materialintensität
29. Abschreibungsintensität
30. Wirtschaftlichkeit
31. Eigenkapitalrentabilität
    - vor Steuern
    - nach Steuern
32. Gesamtkapitalrentabilität
    - vor Steuern
    - nach Steuern
33. Umsatzrentabilität
34. ROI

Ergänzende Angaben:

► Forderungen	
- Bestand: 01.01.:	4.830 Tsd. €
- Bestand: 31.12.:	5.152 Tsd. €
► Zuschreibungen zum Anlagevermögen:	1.400 Tsd. €
► Abschreibungen auf immaterielle Anlagen:	0
► Nettoinvestitionen:	5.700 Tsd. €
► ∅ Anzahl der Mitarbeiter:	208
► Arbeitsstunden pro Tag:	7,5
► Arbeitstage p. a.:	210
► Lohnzusatzkosten:	80 %

b) Beurteilen Sie zusammenfassend die Gesamtsituation der Metallbau GmbH und geben Sie der Geschäftsleitung vier Empfehlungen zur taktischen Ausrichtung für das kommende Geschäftsjahr.

c) Ermitteln Sie für das Berichtsjahr die betriebliche Wertschöpfung der Metallbau GmbH.

Lösung s. Seite 148

Aufgabe 9: Cashflow-Rate

Nachfolgend ist die Bilanz (Jahr 01 und Jahr 02) sowie die aktuelle Gewinn- und Verlustrechnung eines Unternehmens in Auszügen wiedergegeben:

Bilanzauszug			**Auszug aus der GuV-Rechnung**	
	Jahr 01	Jahr 02	Umsatzerlöse	12.800.300
Gesamtkapital	14.200.100	13.100.000	Abschreibung auf Sachanlagen	381.500
Rücklagen	96.000	85.200	Abschreibung auf Finanzanlagen	24.400
Rückstellungen	2.400.300	2.000.000	Zinsen auf Fremdkapital	449.700
Wertberichtigung auf Forderungen	800.000	650.000	Jahresüberschuss	203.600

Ermitteln Sie die Cashflow-Rate.

Lösung s. Seite 157

Aufgabe 10: Kennzahlen (2)

Der Gewinn- und Verlustrechnung bzw. der Bilanz entnehmen Sie folgende Angaben (in Mio. €):

- Fremdkapital: 4,00
- Eigenkapital: 1,40
- Anlagevermögen: 2,00
- Gewinn: 0,31
- Fremdkapitalzinsen: 0,50
- Umsatz: 4,20

a) Als Vorbereitung zur Unternehmensbeurteilung sollen Sie folgende Kennzahlen berechnen:

- Anspannungskoeffizient
- Kapitalintensität
- Eigenkapitalrentabilität
- Gesamtkapitalrentabilität

b) Berechnen Sie den ROI. Nennen Sie vier Maßnahmen zur Verbesserung des ROI.

Lösung s. Seite 157

Aufgabe 11: Erfolgsspaltung***

Führen Sie für die nachfolgende Ausgangslage die Erfolgsspaltung nach § 275 Abs. 2 HGB durch und interpretieren Sie das Ergebnis.

Ausgangslage

Bilanz und GuV der Metall GmbH weisen im Berichtsjahr folgende Daten in Tsd. € aus:

Bilanz der Metallbau GmbH, Berichtsjahr

AKTIVA			Tsd. €
A.	Anlagevermögen		
	I.	Immaterielle Vermögensgegenstände	880
	II.	Sachanlagen	29.600
	III.	Finanzanlagen	4.946
B.	Umlaufvermögen		
	I.	Vorräte	1.790
	II.	Forderungen und sonstige Vermögensgegenstände	5.152
	III.	Wertpapiere	600
	IV.	Flüssige Mittel	2.680
C.	Rechnungsabgrenzungsposten		260
			45.908

PASSIVA			Tsd. €
A.	Eigenkapital		
	I.	Gezeichnetes Kapital	6.660
	II.	Kapitalrücklage	1.620
	III.	Gewinnrücklagen	2.250
	IV.	Gewinnvortrag/Verlustvortrag	800
	V.	Jahresüberschuss/Jahresfehlbetrag	126
B.	Rückstellungen		5.625
C.	Verbindlichkeiten[1]		28.451
D.	Rechnungsabgrenzungsposten		376
			45.908

[1] davon:

davon:	Langfristig:		16.330
	Kurzfristig:		12.121
	davon:	> 15 Tage:	11.811
		< 15 Tage:	310

Gewinn- und Verlustrechnung der Metallbau GmbH, Berichtsjahr

		Tsd. €
1.	Umsatzerlöse	27.739
2.	Bestandsveränderungen	548
3.	aktivierte Eigenleistungen	630
4.	sonstige betriebliche Erträge	594
5.	Materialaufwand	- 12.053
6.	Personalaufwand	- 11.232
7.	Abschreibungen	- 2.349
8.	sonstige betriebliche Aufwendungen	- 2.892
9.	Erträge aus Beteiligungen	449
10.	Erträge aus anderen Wertpapieren	160
11.	Zinsen und ähnliche Aufwendungen	- 1.959
12.	Ergebnis der gewöhnlichen Geschäftstätigkeit	- 365
13.	außerordentliche Erträge	760
14.	außerordentliche Aufwendungen	- 130
15.	Steuern vom Einkommen und vom Ertrag	- 75
16.	sonstige Steuern	- 64
17.	Jahresüberschuss/Jahresfehlbetrag	**126**

Lösung s. Seite 158

Aufgabe 12: Finanzergebnis

Nennen Sie allgemein vier Bestandteile des Finanzergebnisses.

Lösung s. Seite 159

2. Investition

2.1 Investitionsplanung

Aufgabe 1: Investitionsplanung, -vorbereitung und -kontrolle

Prognosen sind Aussagen über zukünftige Entwicklungen auf der Basis von Vergangenheitswerten und theoretisch fundierten Verfahren.

a) Beschreiben Sie, welche Prognosen im Rahmen von Investitionsrechnungsverfahren erforderlich sind und mit welchen Unsicherheiten diese Prognosen behaftet sind.

b) Die Ergebnisse von Investitionsrechenverfahren sind abhängig von der Güte der Prämissen (Prognosen als Inputdaten der Rechnung). Ändern sich die Prämissen nachhaltig, ist das Ergebnis der jeweiligen Investitionsrechnung „überholt". Nennen Sie vier Maßnahmen, um dieser relativen Unsicherheit zu begegnen.

c) In der Praxis zeigt sich, dass Fehlinvestitionen auf typische Fehler zurückzuführen sind. Nennen Sie dafür fünf Beispiele.

d) Neben der Beachtung quantitativer Kriterien (z. B. ROI, Kosten) dürfen qualitative Merkmale bei der Beurteilung von Investitionsobjekten nicht vernachlässigt werden. Nennen Sie jeweils vier Beispiele für technische, wirtschaftliche und rechtliche Beurteilungskriterien.

Lösung s. Seite 161

Aufgabe 2: Ermittlung des Kapitalbedarfs bei Neugründung (1)

Die Metallbau GmbH plant die Gründung einer Zweigniederlassung in Rumänien. Dafür liegen folgende Plandaten vor:

▸ Umschlagshäufigkeit des Materiallagers	15	(360 Tage p. a.)
▸ Lieferantenziel	20 Tage	
▸ durchschnittliche Fertigungsdauer	30 Tage	
▸ durchschnittliche Lagerdauer der Fertigerzeugnisse (FE)	10 Tage	
▸ durchschnittlicher Rohstoffeinsatz pro Tag	2.500 €	
▸ durchschnittlicher Fertigungslohn pro Tag	15.000 €	
▸ durchschnittliche Gemeinkosten pro Tag	5.000 €	
▸ Kapitalbedarf des Anlagevermögens	650.000 €	
▸ Kapitalbedarf für Gründung und Ingangsetzung	50.000 €	

Den Kunden wird ein Zahlungsziel von 30 Tagen gewährt. Erfahrungsgemäß ist bekannt, dass 30 % der Forderungen nach 30 Tagen, 40 % nach 40 Tagen und 30 % nach 60 Tagen eingehen. Aus diesen Angaben ist ein durchschnittlich in Anspruch genommenes Kundenziel der Planung zu Grunde zu legen (Gewinn oder Kosten für verspätete Zahlungen werden nicht berücksichtigt).

a) Ermitteln Sie den durchschnittlichen Kapitalbedarf für das Umlaufvermögen nach der elektiven Methode.

b) Berechnen Sie den Gesamtkapitalbedarf.

c) Für die Steuerung des Materialbedarfs ist die Einrichtung eines Sicherheitsbestandes vorgesehen. Erläutern Sie die Bedeutung des Sicherheitsbestandes und begründen Sie, warum dieser langfristig finanziert werden muss.

d) Nach Abschluss der Planungsarbeiten zeigt sich, dass der Kapitalbedarf für die Gründung und Ingangsetzung der Zweigniederlassung um ca. 150.000 € über der Kreditzusage der Hausbank liegt. Die Finanzierungslücke wird durch eine zusätzliche Fremdfinanzierung geschlossen. Beschreiben Sie drei Konsequenzen, die sich aus dieser Situation ergeben können.

e) Nennen Sie vier Schwachstellen des Modells der Kapitalbedarfsrechnung.

f) Nennen Sie drei Möglichkeiten zur Senkung des Kapitalbedarfs.

Lösung s. Seite 162

Aufgabe 3: Ermittlung des Kapitalbedarfs bei Neugründung (2)

Die Metallbau GmbH will für ein neu zu gründendes Tochterwerk den betriebsnotwendigen Kapitalbedarf für das Anlage- und Umlaufvermögen für den Zeitraum bis zum erstmaligen Rückfluss der Finanzmittel durch Umsatzerlöse berechnen. Folgende Planungen liegen vor:

a) Die Gesellschaft benötigt für den Erwerb eines geeigneten Grundstücks 340.000 €. Für eine Produktionshalle mit Büroräumen hat der Architekt einen Gesamtpreis von 360.000 € errechnet. Für maschinelle Anlagen werden 1.200.000 € benötigt; für neue Patente und Lizenzen sind 620.000 € veranschlagt.

b) Die Unternehmenskapazität ist zunächst so ausgelegt, dass für die Produktion eines Fertigprodukts durchschnittlich 8 Kalendertage benötigt werden. Die durchschnittliche Lagerdauer der Fertigungsmaterialien beträgt 20 Tage; das Zahlungsziel der Lieferanten 30 Tage, die durchschnittliche Lagerdauer der fertigen Geräte 25 Tage.

c) Die Zahlungsbedingungen enthalten folgenden Passus: Rechnung zahlbar mit 2 % Skonto innerhalb von 10 Tagen, sonst 30 Tage netto Kasse. Die täglich anfallenden Fertigungslöhne betragen 4.500 €, die Fertigungsgemeinkosten 200 % (davon sind 65 % ausgabewirksam); die täglichen Kosten für Fertigungsmaterial belaufen sich auf 6.000 €, die Materialgemeinkosten auf 25 %. Vereinfachend wird unterstellt, dass alle Kunden ihr Zahlungsziel ausnutzen.

d) Ferner sind den ausgabewirksamen Herstellkosten 10 % für Verwaltungsgemeinkosten und Vertriebsgemeinkosten zuzurechnen (alle ausgabewirksam). Der Einfachheit halber wird unterstellt, dass alle Kunden ihr Zahlungsziel ausnutzen. Ebenso wird vereinfacht davon ausgegangen, dass die Produktionszeit nach Ablauf der durchschnittlichen Fertigungsmateriallagerdauer einsetzt.

Ermitteln Sie den betriebsnotwendigen Kapitalbedarf insgesamt.

Lösung s. Seite 164

Aufgabe 4: Bedeutung der Investitionstätigkeit

Erläutern Sie, welche Bedeutung die Investitionstätigkeit hat

a) für die Kapitaleigner,

b) für die Produktionstechnik und

c) für die Mitarbeiter.

Lösung s. Seite 165

Aufgabe 5: Investitionsformen (1)

Für das kommende Jahr stehen in Ihrem Betrieb folgende Investitionen an:

1. Bau einer neuen, zusätzlichen Fertigungsstraße
2. Anschaffung von zwei Lkw gleichen Bautyps wie bisher aufgrund der Beendigung der Nutzungsdauer
3. Finanzielle Beteiligung an einem Zulieferbetrieb zur Verbesserung und Typisierung der Materialversorgung

Tragen Sie die genannten Investitionsformen in die nachfolgende Tabelle ein (Markierung mit einem „X"):

	Neue, zusätzliche Fertigungsstraße	**Lkw (Ende der Nutzungsdauer)**	**Finanzielle Beteiligung**
Sachinvestition			
Finanzinvestition			
immaterielle Investition			
Nettoinvestition			
Ersatzinvestition			
Rationalisierungsinvestition			

Lösung s. Seite 166

Aufgabe 6: Investitionsformen (2)

Erstellen Sie in einer Matrix eine Übersicht der Investitionsformen nach

- dem Objekt und
- dem Zweck.

Lösung s. Seite 166

Aufgabe 7: Investition, Planungsphasen

Die Investitionsplanung und -realisierung lässt sich in mehrere Phasen gliedern – von der Anregung/Initiative bis zur Kontrolle.

Gliedern Sie den Prozess der Investitionstätigkeit in zehn Einzelphasen und kommentieren jede der Einzelphasen.

Lösung s. Seite 167

2.2 Finanzmathematische Grundlagen; Rentenberechnung

Aufgabe 1: Zinseszinsberechnung, Aufzinsung

Gegeben sind folgende Ausgangsdaten:

K_0 Ausgangskapital: 500 €
K_1 Kapital nach Ablauf der 1. Verzinsungsperiode
K_n Endkapital (Kapital inkl. Zinsen am Ende des n-ten Jahres)
p Zinssatz: 6 %
n Jahre: 3

Nach Ablauf der Verzinsungsperiode werden die einfachen Zinsen dem Kapital zugerechnet und in der nächsten Zinsperiode mitverzinst.

Ermitteln Sie das Kapital K_n am Ende der 3. Periode – manuell und mithilfe der finanzmathematischen Tabelle.

Lösung s. Seite 169

Aufgabe 2: Zinseszinsberechnung, Abzinsung

Zeigen Sie anhand der Daten von Aufgabe 1, dass der Barwert 500 € beträgt.

Lösung s. Seite 170

Aufgabe 3: Unterjährige Verzinsung (einfache Zinsen)

Gegeben ist: K = 500 €
p = 6 %
T = 210 Tage

Ermitteln Sie den Zinsertrag für den unterjährigen Zeitraum.

Lösung s. Seite 171

Aufgabe 4: Rentenberechnung

a) Erläutern Sie, was man finanzmathematisch unter einer „Rente“ versteht.

b) Die Rente (Einzahlung E) wird am Ende des 1. Jahres gezahlt. Im 2. Jahr wird die Rente des 1. Jahres verzinst und am Ende des 2. Jahres wird eine weitere Einzahlung hinzugerechnet usw.

Die laufende Einzahlung E beträgt 200 €, der Zinssatz p ist 6 % und die Laufzeit ist n = 3 Jahre. Berechnen Sie den Kapitalwert K_n am Ende der 3. Periode - manuell und mithilfe des Tabellenwerkes.

c) Der Inhaber eines Gartenbaubetriebes vereinbart mit seinem Nachfolger eine jährliche Rentenzahlung von 15.000 € für fünf Jahre bei einem Zinssatz von 6 %.

Ermitteln Sie den Kaufpreis bei vorschüssiger und bei nachschüssiger Ratenzahlung.

Lösung s. Seite 171

2.3 Verfahren zur Beurteilung von Sachinvestitionen

2.3.1 Statische Investitionsrechnungsverfahren

Aufgabe 1: Kostenvergleich bei Ersatzinvestition

Während der laufenden Nutzung einer Anlage (Altanlage mit einer Restnutzungsdauer von RND = 3 Jahre) ist die Fragestellung zu untersuchen, ob es günstiger ist, die Altanlage weiterhin zu nutzen oder durch eine Neuanlage zu ersetzen. Gegeben sind folgende Daten:

Kalkulationsangaben		Abk.	Altanlage	Neuanlage
	Anschaffungskosten (in €)	AK	150.000	200.000
	Leistung, Einheiten pro Jahr	E	5.000	5.000
	Nutzungsdauer (in Jahren)	n	8	8
	kalkulatorischer Zinssatz	p	8 %	8 %
	Restwert am Anfang der Vergleichsperiode (in €)	RW_A	31.000	–
	Restwert am Ende der Vergleichsperiode (in €)	RW_E	10.000	20.000
Betriebskosten (in €)				
	Lohnkosten		40.000	40.000
	Energie- und Materialkosten		30.000	25.000
	Sonstige variable Kosten		15.000	12.000
	Fixkosten ohne AfA und Zinsen		20.000	18.000

Lösung s. Seite 173

Aufgabe 2: Verfahren der statischen Investitionsrechnung und Break-even-Menge

Drei Objekte, ohne Restwerte, gleiche Kapazität, gleiche Nutzungsdauer, Auslastung 80 %

Die Metallbau GmbH, Prignitz, beabsichtigt für die kommende Periode die Anschaffung eines Bearbeitungszentrums. Vom Einkauf wurden drei Angebote vorgelegt:

	Objekt 1	Objekt 2	Objekt 3
Anschaffungskosten	250.000 €	300.000 €	280.000 €
Nutzungsdauer	10 Jahre	10 Jahre	10 Jahre
Nennleistung	50.000 Stück/Jahr	50.000 Stück/Jahr	50.000 Stück/Jahr
Auslastungsgrad	80 %	80 %	80 %
Kalkulatorischer Zinssatz, i	6,0 %	6,0 %	6,0 %
Verkaufspreis	10 €/Stück	10 €/Stück	10 €/Stück
Sonstige Fixkosten p. a.	120.500 €	110.000 €	129.600 €
Variable Kosten pro Jahr bei 100 % Auslastung:			
► Fertigungslohn	100.000 €	70.000 €	80.000 €
► Material	60.000 €	60.000 €	60.000 €
► Energie	12.000 €	8.000 €	7.000 €
► Sonstige variable Kosten	7.000 €	9.000 €	9.000 €

Ermitteln Sie mithilfe

a) der Kostenvergleichsrechnung,

b) der Gewinnvergleichsrechnung,

c) der Rentabilitätsvergleichsrechnung sowie

d) der statischen Amortisationsrechnung

welches der drei Objekte vorteilhafter ist. Die Geschäftsleitung hat eine Sollamortisationszeit von drei Jahren festgelegt.

e) Berechnen Sie die Menge im Break-even-Point für Objekt 2 und 3 und kommen-tieren Sie das Ergebnis Ihrer Rechnung.

f) Das Kostenvergleichsverfahren hat einige Nachteile, die seine Anwendung in der Praxis einschränken. Nennen Sie vier Beispiele.

Lösung s. Seite 174

Aufgabe 3: Kostenvergleichsrechnung und kritische Menge

Zwei Objekte, mit Restwert, gleiche Kapazität, gleiche Nutzungsdauer

Eine kleine Maschine soll angeschafft werden. Infrage kommen zwei Objekte:

Daten	Objekt 1	Objekt 2
Anschaffungskosten, AK	50.000 €	40.000 €
Restwert, RW	5.000 €	0
Nutzungsdauer, n	5 Jahre	5 Jahre
Material	2.000 €	2.000 €
Löhne	2.500 €	5.000 €
Energie	3.500 €	8.000 €
Sonstige fixe Kosten	4.000 €	1.200 €
Kapazität, K	12.000 Stück/Jahr	12.000 Stück/Jahr
Kalkulatorischer Zinssatz	10 %	10 %

a) Treffen Sie die Objektauswahl mithilfe der Kostenvergleichsrechnung.

b) Ermitteln Sie die kritische Stückzahl.

Lösung s. Seite 178

Aufgabe 4: Kostenvergleichsrechnung

Zwei Objekte, mit Restwert, unterschiedliche Kapazität, gleiche Nutzungsdauer

Eine kleine Maschine soll angeschafft werden. Infrage kommen zwei Objekte:

Daten	Anlage I	Anlage II
Anschaffungskosten, AK	50.000 €	80.000 €
Restwert, RW	5.000 €	10.000 €
Nutzungsdauer, n	5 Jahre	5 Jahre
Leistung, Einheiten pro Jahr	40.000	50.000
Kalkulatorischer Zins, p	8 %	8 %
Lohnkosten p. a.	8.000 €	6.000 €
Instandhaltungskosten p. a.	3.500 €	2.000 €
Raumkosten p. a.	1.000 €	1.200 €
Energie und Materialkosten	2.500 €	2.000 €

Treffen Sie die Objektauswahl mithilfe der Kostenvergleichsrechnung.

Lösung s. Seite 179

Aufgabe 5: Kapitalbedarf, Kapitalrückflusszeit

Die Betriebsleitung plant, einen neuen Rasenmäher Typ „Rasant“ zu fertigen. Neben einer zusätzlichen Fertigungsanlage müsste eine entsprechende Halle errichtet werden. Aus der Buchhaltung bzw. dem Ein- und Verkauf tragen Sie folgende Plandaten zusammen:

► Anschaffungspreis der neuen Anlage:	200.000 €
- geplanter Restwert:	20.000 €
► Anschaffungspreis der neuen Halle:	60.000 €
- geplanter Restwert:	0,00 €
► Transportkosten:	15.000 €
► Kosten der Montage und Inbetriebnahme:	25.000 €
► Abschreibungsdauer:	
- Anlage:	5 Jahre
- Halle:	10 Jahre
► Materialkosten/Stk.:	20 €
► Fertigungskosten/Stk.:	40 €
► Gemeinkosten/Stk.:	5 €
► geplante und abgesetzte Fertigungsmenge/Tag:	100 Stk.
► Fertigungstage pro Jahr:	200 Tage
► Verkaufspreis/Stk.:	70 €
► Lieferantenziel:	30 Tage
► Lagerdauer Rohstoffe:	20 Tage
► Fertigungsdurchlaufzeit:	10 Tage
► Lagerdauer Fertigerzeugnisse:	14 Tage
► Kundenziel:	14 Tage

a) Ermitteln Sie den Kapitalbedarf für die Fertigung des neuen Rasenmähers Typ „Rasant“.

b) Berechnen Sie die Kapitalrückflusszeit in Jahren.

Lösung s. Seite 180

Aufgabe 6: Break-even-Point

Für die Fertigung eines Getriebeteiles liegt Ihnen folgende Umsatz- und Kostensituation vor:

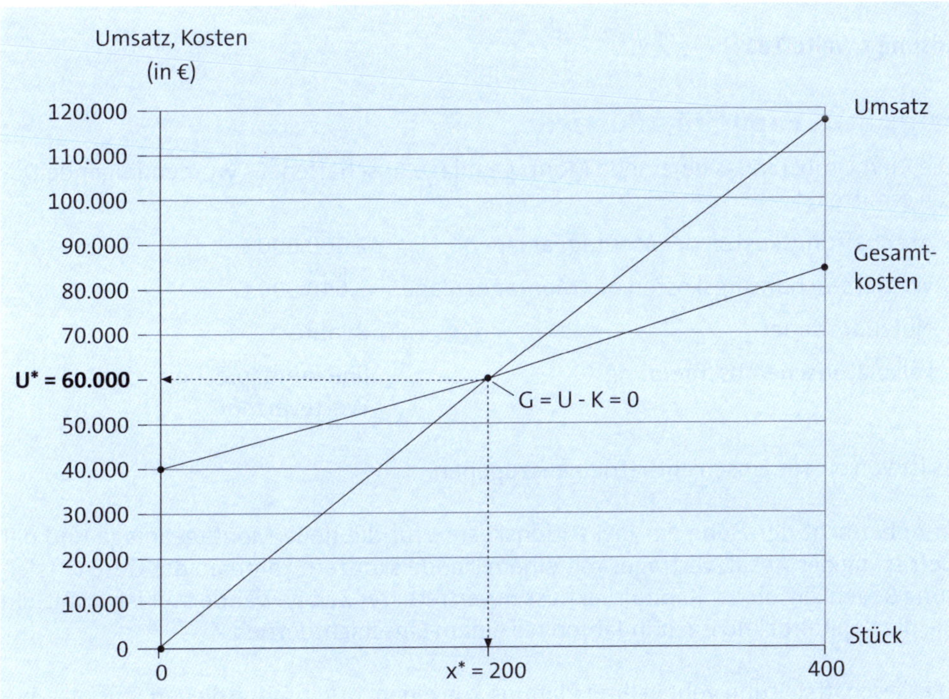

a) Ermitteln Sie im Break-even-Point

- den Umsatz U*
- die Stückzahl x*
- den Gewinn G*.

b) Ermitteln Sie

- die fixen Gesamtkosten K_f
- den Preis p pro Getriebeteil
- die variablen Gesamtkosten K_v
- die variablen Stückkosten k_v.

c) Berechnen Sie für einen Auftrag von 300 Stück

- den Umsatz U
- den Gewinn G
- den Deckungsbeitrag DB
- den Deckungsbeitrag pro Stück db.

d) Zeigen Sie mithilfe der Angaben lt. Sachverhalt, dass im Break-even-Point gilt:

$$x^* = \frac{K_f}{db}$$

Lösung s. Seite 181

Aufgabe 7: Kapitalrückflusszeit

Die RIRA GmbH muss eine neue Montageanlage anschaffen: Es wurden folgende Daten ermittelt:

► Anschaffungskosten der Montageanlage	2.400.000 €
► Wiederbeschaffungskosten der Montageanlage	2.640.000 €
► Nutzungsdauer	8 Jahre
► kalkulatorische Abschreibung	linear entsprechend dem Werteverzehr

Es ist von einem Einschichtbetrieb auszugehen.

In Anbetracht der Höhe der Investitionskosten für die neue Montageanlage und der Befristung des Absatzvertrages mit einem Handelskonzern kommen der Geschäftsleitung Bedenken, ob der Kapitalrückfluss in vertretbarer Zeit gewährleistet ist. Ermitteln Sie die Kapitalrückflusszeit in Jahren bei einem Einschichtbetrieb.

Die Geschäftsleitung geht in Ihrer Planung von einem durchschnittlichen Stückgewinn von 9,20 € bei einem Absatz von 60.000 Stück aus. Kommentieren Sie das Ergebnis Ihrer Rechnung.

Lösung s. Seite 183

Aufgabe 8: Amortisationsrechnung, Kumulationsmethode

a) Erläutern Sie bei der Amortisationsrechnung den Vorteil der Kumulationsmethode gegenüber der Durchschnittsmethode (vgl. Aufgabe 7).

b) Zwei Anlagen (A und B) zeigen folgende Kosten und Erlöse (in Tsd. €):

	Jahr	01	02	03	04	05	06	07	08
Kosten	A	90	90	90	90	90	100	–	–
	B	105	100	95	90	70	60	10	10
Erlöse	A	110	110	110	110	110	110	–	–
	B	110	110	110	110	110	110	110	110

Die Anschaffungskosten betragen für beide Anlagen jeweils 100.000 Tsd. €.

Treffen Sie mithilfe der Amortisationsrechnung eine Entscheidung zwischen den beiden Anlagen.

c) Lösen Sie die Aufgabe nach der Durchschnittsmethode und vergleichen Sie mit der Lösung zu b).

Lösung s. Seite 184

Aufgabe 9: Kostenvergleichsrechnung, zwei Objekte, Auswahlproblem

Ihr Unternehmen plant die Rationalisierung des Vertriebslagers durch die Anschaffung einer neuen Fördereinrichtung. Es liegen dazu zwei Angebote vor:

	Objekt 1	**Objekt 2**
Anschaffungswert (AW)	800.000	600.000
Restwert (RW)	40.000	20.000
Nutzungsdauer (n)	5 Jahre	5 Jahre
Zinssatz in % (p)	0,08	0,08
Betriebskosten (K_B)	90.000	150.000

Ermitteln Sie mithilfe der Kostenvergleichsrechnung, welche Investition vorteilhafter ist. Die Kapazität der Anlagen ist gleich.

Lösung s. Seite 185

Aufgabe 10: Kostenvergleichsrechnung und Rangstufenmethode im Vergleich

Beschreiben Sie die Kostenvergleichsrechnung und die Rangstufenmethode als Instrumente zur Beurteilung der Vorteilhaftigkeit von Investitionen.

Lösung s. Seite 185

2.3.2 Dynamische Investitionsrechnungsverfahren

Aufgabe 1: Kapitalwertmethode, interner Zinsfuß, ein Objekt

Für eine Einzelinvestition sollen folgende Annahmen gelten:

- Anschaffungsauszahlung: 200.000 €
- Nutzungsdauer: 10 Jahre
- Nennleistung: 18.100 Stück
- Kalkulatorischer Zinssatz: 9 %

	1. Jahr	2. Jahr	3. Jahr	4. Jahr	5. Jahr
Auslastungsgrad in %	70	75	77	80	75
Verkaufspreis (€ pro Stück)	20	21	22	23	24
Personalkosten in €	65.000	70.000	76.000	79.000	80.000
Materialkosten in €	144.900	163.000	167.000	173.000	173.000
Raumkosten in €	8.400	8.400	8.400	8.400	8.400
Energiekosten in €	6.000	7.000	7.000	7.000	7.000
Sonstige Kosten in €	11.900	12.100	13.100	13.600	12.800

	6. Jahr	7. Jahr	8. Jahr	9. Jahr	10. Jahr
Auslastungsgrad in %	81	85	86	88	78
Verkaufspreis (€ pro Stück)	22	23	23	23	23
Personalkosten in €	83.000	85.000	89.000	90.000	91.000
Materialkosten in €	178.000	187.000	190.000	195.000	172.000
Raumkosten in €	8.820	8.820	8.820	8.820	8.800
Energiekosten in €	8.200	8.200	8.300	8.400	8.400
Sonstige Kosten in €	13.600	14.400	14.600	14.900	15.100

a) Beurteilen Sie mithilfe der Kapitalwertmethode die Vorteilhaftigkeit der Investition.

b) Ermitteln Sie den internen Zinsfuß bei einem Versuchszins von 9 % und 13 %.

Lösung s. Seite 186

Aufgabe 2: Kapitalwertmethode, Annuitätenmethode

Zwei Objekte, ohne Restwerte, unterschiedliche Kapazität, gleiche Nutzungsdauer

Die Metallbau Stettin GmbH, Neustrelitz, beabsichtigt für die kommende Periode die Anschaffung einer Bearbeitungsmaschine. Vom Einkauf wurden zwei Angebote vorgelegt:

Objekt 1	
Anschaffungsauszahlung (A_0):	300.000 €
Nutzungsdauer (n):	5 Jahre
Nennleistung p. a.:	20.000 Stück
Kalkulatorischer Zinssatz:	10 %

	1. Jahr	2. Jahr	3. Jahr	4. Jahr	5. Jahr
Auslastungsgrad	75 %	75 %	75 %	85 %	85 %
Jahresstückleistung	15.000	15.000	15.000	17.000	17.000
Verkaufspreis/Stück	22 €	23 €	23 €	24 €	25 €
Personalkosten, €	80.000	85.000	90.000	95.000	97.000
Materialkosten, €	130.000	130.000	130.000	160.000	160.000
Raumkosten, €	12.000	12.000	12.000	14.000	14.000
Energiekosten, €	8.000	9.000	10.000	11.000	12.000
Sonstige Kosten, €	26.000	30.000	30.000	30.000	30.000

Objekt 2	
Anschaffungsauszahlung (A_0):	400.000 €
Nutzungsdauer (n):	5 Jahre
Nennleistung p. a.:	25.000 Stück
Kalkulatorischer Zinssatz:	10 %

	1. Jahr	2. Jahr	3. Jahr	4. Jahr	5. Jahr
Auslastungsgrad	60 %	60 %	60 %	70 %	70 %
Jahresstückleistung	15.000	15.000	15.000	17.500	17.500
Verkaufspreis/Stück	22 €	23 €	23 €	24 €	25 €
Personalkosten, €	65.000	67.000	69.000	72.000	75.000
Materialkosten, €	165.000	165.000	165.000	170.000	170.000
Raumkosten, €	8.400	8.400	8.400	8.400	8.400
Energiekosten, €	5.000	6.000	7.000	8.000	9.000
Sonstige Kosten, €	8.000	6.000	5.000	5.000	4.000

Ermitteln Sie mithilfe

a) der Kapitalwertmethode

b) der Annuitätenmethode

welche der zwei Objekte vorteilhafter ist.

Lösung s. Seite 188

Aufgabe 3: Kapitalwertmethode

Der Finanzinvestor Schrecken AG beabsichtigt, die Metallbau GmbH zu einem Kaufpreis von 31,25 Mio. € zu erwerben. Entsprechend der Finanzstrategie soll das Unternehmen nach sieben Jahren mit Gewinn veräußert werden. Die Erwartungen liegen bei einem Verkaufspreis von 55 Mio. €. Es wird mit einem Kalkulationszinsfuß von 9 % gerechnet.

Um die Marktstellung der Metallbau GmbH zu verbessern, geht die Schrecken AG davon aus, dass in den ersten drei Jahren erhebliche Investitionen in den Maschinenpark erforderlich sind, sodass nach Saldierung der laufenden Einnahmen und Ausgaben Verluste in folgender Höhe entstehen werden:

1. Jahr: 1,60 Mio. €
2. Jahr: 1,25 Mio. €
3. Jahr: 0,60 Mio. €

In den Folgejahren werden Einnahmenüberschüsse erwartet:

4. Jahr: 1,20 Mio. €
5. Jahr: 1,65 Mio. €
6. Jahr: 1,90 Mio. €
7. Jahr: 2,05 Mio. €

a) Ermitteln Sie mithilfe eines dynamischen Verfahrens der Investitionsrechnung, ob für die Schrecken AG die Übernahme der Metallbau GmbH lohnend ist.

b) Nennen Sie vier Risiken, die in den Annahmen der Schrecken AG enthalten sind.

Lösung s. Seite 189

Aufgabe 4: Annuitätenmethode

Das Unternehmen, ein mittlerer Hotelbetrieb in Zinnowitz. muss in diesem Jahr seine Heizungsanlage erneuern. Es liegt ein Angebot der Firma LUCHS über ein Blockheizkraftwerk (BHK) in Höhe von 83.037,51 € vor, das bereits die Installationskosten der Anlage enthält. Die Nutzungsdauer der Anlage wird von der Firma mit 15 Jahren angegeben. Aufgrund der Verbrauchswerte des Hotelbetriebes hat die Firma Luchs auf der Basis eines von ihr erstellten Rechenmodells eine jährliche Einsparung der Neuanlage (Gasminderverbrauch + Stromeinspeisung in das Netz + Förderungsmittel) gegenüber einer konventionellen Gasheizung von 8.000 € ermittelt. Die Investition kann über ein Darlehen mit fester Laufzeit und fester Zinsbindung (5 %) von 15 Jahren über die Hausbank finanziert werden. Die alternativen Anschaffungskosten für eine moderne Heizungsanlage mit Brennwerttechnik (BWT; ohne Stromeinspeisung, ohne Fördermittel) liegen bei rd. 28.000 €.

a) Ermitteln Sie die Vorteilhaftigkeit der Investition mithilfe der Annuitätenmethode.

b) Nennen Sie fünf Risiken (Variablen), die diese Modellrechnung enthält.

c) Geben Sie unter Berücksichtigung der Ergebnisse von a) und b) eine Empfehlung bezüglich der anstehenden Investition.

Lösung s. Seite 190

Aufgabe 5: Interne Zinsfußmethode (1)

Erläutern Sie, welche Aussage sich mithilfe der internen Zinsfußmethode bezüglich der Vorteilhaftigkeit einer Investition treffen lässt.

Lösung s. Seite 191

Aufgabe 6: Interne Zinsfußmethode (2)

Der Anschaffungswert eines Investitionsobjektes beträgt 160.000 €. Die Nutzungsdauer wird mit fünf Jahren angesetzt. Die Überschüsse in Euro (Einnahmen - Ausgaben) betragen in den Jahren 1 bis 5: 20.000, 40.000, 45.000, 50.000, 60.000. Das Unternehmen hat einen Kalkulationszinsfuß von p = 8 % festgelegt.

Ermitteln Sie rechnerisch und grafisch den internen Zinsfuß und verwenden Sie dabei Versuchszinssätze von 9 % und 12 %. Beurteilen Sie die Vorteilhaftigkeit der Investition.

Lösung s. Seite 192

Aufgabe 7: Interne Zinsfußmethode (3)

Die Anschaffungswerte von zwei Investitionsobjekten betragen jeweils 115.000 €. Die Nutzungsdauer wird mit fünf Jahren angesetzt. Die Überschüsse sind in der nachfolgenden Tabelle dargestellt. Das Unternehmen hat einen Kalkulationszinsfuß von p = 8 % festgelegt.

Vergleichen Sie beide Investitionsobjekte mithilfe der internen Zinsfußmethode. Wählen Sie dabei Versuchszinssätze von 9 % und 12 %.

	Objekt 1	**Objekt 2**
Jahr	**Überschüsse in €**	
1	20.000	30.000
2	40.000	35.000
3	45.000	30.000
4	50.000	25.000
5	60.000	30.000

Lösung s. Seite 193

Aufgabe 8: Dynamische Amortisationsrechnung

Für eine Investition mit der Investitionssumme von 1,5 Mio. € netto ergeben sich in den nachfolgenden Perioden folgende Überschüsse (in Tsd. €):

340, 370, 340, 380, 390, 400

Ermitteln Sie die Zeit (in Jahren), bei der die abgezinsten Rückflüsse die Anfangszahlung decken.

Lösung s. Seite 194

Aufgabe 9: Verfahren der Investitionsrechnung im Vergleich, Vor- und Nachteile

a) Nennen Sie in einer vergleichenden Gegenüberstellung die charakteristischen Merkmale der statischen und der dynamischen Investitionsrechnungsverfahren. Es werden jeweils vier Argumente erwartet.

b) Nennen Sie jeweils zwei Vor- und Nachteile der Kostenvergleichsrechnung, der Gewinnvergleichsrechnung, der Rentabilitätsvergleichsrechnung sowie der Amortisationsvergleichsrechnung.

c) Nennen Sie jeweils zwei Vor- und Nachteile der Kapitalwertmethode, der Annuitätenmethode und der internen Zinsfußmethode.

Lösung s. Seite 195

2.3.3 Kritische-Werte-Rechnung

Aufgabe 1: Berechnung der Grenzstückzahl

Zur Herstellung eines Rohteils stehen die beiden Verfahren I und II zur Disposition. Aufgrund der vorliegenden Daten ist rechnerisch zu ermitteln, welches Produktionsverfahren bei gegebener Losgröße kostengünstiger ist bzw. bei welcher Menge beide Verfahren kostengleich sind.

		Verfahren 1	**Verfahren 2**
Rüsten	Vorgabezeit	0,5 Std.	6,5 Std.
	Stundensatz	20,00 €	42,00 €
Fertigen	Vorgabezeit	2,2 min/E	0,8 min/E
	Stundensatz	24,00 €	48,00 €

Lösung s. Seite 197

Aufgabe 2: Kritische Menge, Wahl des Fertigungsverfahrens

Für einen Auftrag stehen zwei Maschinen mit folgenden Daten zur Verfügung:

Kostenart		**Verfahren 1**	**Verfahren 2**
		CNC-Maschine	Bearbeitungsautomat
Rüstkosten	K_f	50,00 €	300,00 €
Materialkosten	k_v	3,00 €/Stk.	3,00 €/Stk.
Fertigungslohn		10,00 €/Stk.	5,00 €/Stk.

Ermitteln Sie die kritische Menge für beide Verfahren.

Lösung s. Seite 197

Aufgabe 3: Eigen- oder Fremdfertigung, Auswahlproblem (1)

Für die Fertigung werden Blechgehäuse Typ T2706 seit längerer Zeit fremd zugekauft. Der Lieferant hat zu Jahresbeginn seine Konditionen angehoben und bietet Ihnen jetzt folgende Bedingungen an: Listeneinkaufspreis 100 € je Stück, 10 % Rabatt und 3 % Skonto innerhalb von 10 Tagen oder 30 Tage ohne Abzug. Die Bezugskosten betragen 2,70 € pro Stück. Aufgrund der Preisanhebung soll geprüft werden, ob die Eigenfertigung des Blechgehäuses unter Kostengesichtspunkten vertretbar ist. Der Jahres-bedarf wird bei rd. 1.800 Stück liegen.

Für die Eigenfertigung wurden folgende Plandaten ermittelt: Anschaffung einer Fertigungslinie (Stanzen, Pressen, Lackieren) zum Preis von 400.000 €; die Anlage soll auf zehn Jahre linear abgeschrieben werden mit einem Restwert von 50.000 €. Der Zinssatz für die kalkulatorische Abschreibung wird mit 8 % angenommen (Eigenfinanzierung). Sonstige Fixkosten p. a. in Höhe von 9.000 € sind zu berücksichtigen. Der Fertigungslohn beträgt 25 € je Stück, die Materialkosten 15 € je Stück. Zu ermitteln ist rechnerisch und grafisch, bei welcher Stückzahl die kritische Menge liegt und welche Kostendifferenz sich bei dem geplanten Jahresbedarf ergibt.

Lösung s. Seite 199

Aufgabe 4: Eigen- oder Fremdtransport, Auswahlproblem (1)

Ermitteln Sie die kritische Anzahl der Kilometer, bei der die Kosten für Eigentransport und Fremdtransport gleich sind. Dabei soll gelten:

Kosten	**Eigentransport (E)**	**Fremdtransport (F)**
fixe Kosten	K_E	K_F
variable Kosten pro km	k_E	k_F

Führen Sie die Berechnung für folgendes Beispiel durch:

Kosten	**Eigentransport (E)**	**Fremdtransport (F)**
fixe Kosten	80.000 €	12.000 €
variable Kosten pro km	0,60 €	2,20 €

Lösung s. Seite 200

Aufgabe 5: Reisender oder Handelsvertreter, Auswahlproblem

Der neu gegründete Sanitärgroßhandel „Fließflott & Söhne“ prüft derzeit, ob er den Vertrieb über Reisende oder Handelsvertreter organisieren soll. Dazu ermittelt er folgende Vergleichsdaten:

- Der Reisende wird ein monatliches Bruttogehalt von 4.000 € erhalten. Die Gehaltszusatzkosten betragen 80 %. Seine Umsatzprovision ist 2 %.

- Der Handelsvertreter erhält eine fixe Vergütung von 2.000 € monatlich sowie eine Vertreterprovision von 10 % des Umsatzes.

Als Berechnungsgrundlage wird ein durchschnittlicher Verkaufspreis der Artikelgruppe von 480 € angenommen.

a) Berechnen Sie für beide Absatzmittler die monatlichen Vertriebskosten. Unterstellen Sie dabei einen monatlichen Zielabsatz von 200 Stück.

b) Ermitteln Sie den kritischen Absatz, bei der die Kosten für beide Alternativen gleich sind.

c) Neben diesem rein rechnerischen Vergleich der Alternative Vertreter/Reisender gibt es noch qualitative Aspekte, die bei einer Entscheidung zwischen den beiden Absatzmittlern relevant sind. Nennen Sie sechs Merkmale für eine solche Entscheidung und bewerten Sie die Kriterien in einer Matrix mithilfe einer einfachen Skalierung (++; +; -; - -).

Lösung s. Seite 201

Aufgabe 6: Eigen- oder Fremdtransport, Auswahlproblem (2)

Die Rheinsberg Handels-GmbH vertreibt generalüberholte Werkzeugmaschinen. Bisher wurde der Transport mit einem eigenen Lkw durchgeführt. Da eine Ersatzinvestition für den Lkw erforderlich wird, soll geprüft werden, ob die Beauftragung eines Spediteurs kostengünstiger ist als der Eigentransport.

Für die Ersatzinvestition liegen folgende Daten vor:

AfA: 60.000 € p. a.; Steuern und Versicherung: 6.000 € p. a.; monatliche Lohnkosten des Fahrers inkl. Lohnnebenkosten: 3.200 €; laufende Treibstoffkosten: 0,30 € pro km; lfd. Wartungskosten: 0,10 € pro km.

Das Angebot des Spediteurs lautet: mtl. Fixbetrag für Servicebereitschaft: 1.500 €; 2,20 € pro Transportkilometer.

a) Ermitteln Sie rechnerisch den kritischen jährlichen km-Wert, bei dem das Angebot des Spediteurs mit den Kosten des Eigentransports identisch ist.

b) Zeigen Sie grafisch die Lösung von Aufgabe a) mithilfe einer Freihandzeichnung.

c) Neben dem Kostenvergleich gibt es generelle Kriterien, die bei der Entscheidung „Eigentransport versus Fremdtransport" herangezogen werden sollten. Beschreiben Sie drei dieser Kriterien.

Lösung s. Seite 202

Aufgabe 7: Eigen- oder Fremdfertigung (zwei Verfahren), Auswahlproblem (2)

Die Metallbau GmbH bezieht derzeit eine Werkzeugkomponente zu einem Stückpreis von 25 €. Nachdem der Lieferant eine Preiserhöhung von 20 % ankündigt, wird überlegt, diese Komponente selbst zu fertigen. Infrage kommen zwei Verfahren:

Verfahren 1 mit einer Kapazität von 2.500 Stück p. a. hat eine Nutzungsdauer von acht Jahren; die Lohnkosten pro Stück betragen 1,50 €, die Materialkosten pro Stück 3 €. Das Verfahren 2 hat die gleiche Kapazität und Nutzungsdauer; die Lohnkosten pro Stück betragen 3,50 €, die Materialkosten pro Stück 8,50 €. Die Anschaffungskosten sind 200 Tsd. € bei Verfahren 1 bzw. 100 Tsd. € bei Verfahren 2 bei einem Restwert von 20 Tsd. € bzw. 10 Tsd. €. Für beide Verfahren gilt ein Kalkulationszinssatz von p = 8 %.

Ermitteln Sie rechnerisch und grafisch die kritische Menge beim Übergang von Verfahren 1 bzw. 2 zum Fremdbezug sowie beim Übergang von Verfahren 1 zu Verfahren 2. Geben Sie eine Empfehlung, innerhalb welcher Intervalle der Fremdbezug bzw. Verfahren 1/Verfahren 2 am kostengünstigsten ist.

Lösung s. Seite 203

2.3.4 Nutzwertrechnung

Aufgabe 1: Nutzwertanalyse, Ordinalskalierung mit Gewichtung

Die Druckerei Logoprint KG verzeichnet eine sehr gute Auftragslage. Sie muss daher ihre Kapazität um eine Bogenoffsetdruck-Maschine erweitern. Neben den Zahlungs- und Lieferkonditionen unterscheiden sich die Angebote der Lieferanten, die in die engere Wahl kommen, in wichtigen Merkmalen (Skalierung: hoch = 30; mittel = 20; gering = 10). Die Rangzahl je Merkmal (Gewichtung) kennzeichnet die technische Bedeutung. Die Kapazität der angebotenen Maschinen ist gleich.

Merkmale	**Gewichtung**	**Maschine**		
		1	**2**	**3**
Papierlaufbreite	2	hoch	mittel	mittel
Oberflächen	1	gering	gering	hoch
Bogenführung	3	gering	hoch	gering
Falztechnik	2	mittel	mittel	hoch
Stapelanlage	1	gering	hoch	mittel
Voreinstellungen	3	hoch	hoch	gering

a) Erstellen Sie eine Nutzwertanalyse und kommentieren Sie das Ergebnis Ihrer Rechnung.

b) Die in Frage a) durchgeführte Nutzwertanalyse berücksichtigt technische und wirtschaftliche Merkmale. Nennen Sie zwei weitere Merkmalsgruppen der qualitativen Beurteilung von Investitionsobjekten und geben Sie jeweils drei Beispiele.

c) Beschreiben Sie zwei Vorteile der Nutzwertanalyse.

d) Beschreiben Sie zwei Risiken, die mit der Anwendung der Nutzwertanalyse verbunden sind.

Lösung s. Seite 205

Aufgabe 2: Nutzwertanalyse, Nominalskalierung ohne Gewichtung

Die Vorauswahl von drei Investitionsobjekten ergab folgende Nutzwerte:

Merkmale	Objekt 1	Objekt 2	Objekt 3
A	++	-	-
B	+	-	-
C	+	+	+
D	-	+	+
E	+	-	+
F	-	-	+

Ermitteln Sie den Nutzwert je Investitionsobjekt und erstellen Sie eine Rangordnung der Investitionsobjekte.

Lösung s. Seite 206

Aufgabe 3: Nutzwertanalyse, Kardinalskalierung ohne Gewichtung

Die Vorauswahl von zwei Investitionsobjekten ergab folgende Klassenzuordnung:

Merkmale	Objekt 1	Objekt 2
	Klasse	
A	1	3
B	4	4
C	5	3
D	3	3
E	3	2
F	2	1

Legende:

Klasse	Ausprägung	Punkte
Klasse 1	sehr gut	10
Klassc 2	gut	8
Klasse 3	befriedigend	6
Klasse 4	schlecht	4
Klasse 5	sehr schlecht	2

Ermitteln Sie den Nutzwert je Investitionsobjekt, indem Sie die Punktwerte je Objekt eintragen und addieren (siehe Skalierung). Erstellen Sie eine Rangordnung der Investitionsobjekte.

Lösung s. Seite 206

2.4 Verfahren zur Bestimmung der wirtschaftlichen Nutzungsdauer und des optimalen Ersatzzeitpunktes

Aufgabe 1: Optimaler Ersatzzeitpunkt (1)

a) Erläutern Sie, wie der Begriff „optimaler Ersatzzeitpunkt“ zu interpretieren ist.

b) Erläutern Sie, wie sich „optimale Nutzungsdauer“ und „optimaler Ersatzzeitpunkt“ unterscheiden.

Lösung s. Seite 207

Aufgabe 2: Optimaler Ersatzzeitpunkt (2)

Die maximale technische Lebensdauer einer derzeit genutzten Anlage beträgt noch vier Jahre. Die nachfolgende Tabelle zeigt die Erlöse, die Betriebskosten und den Restverkaufserlös zum jeweiligen Zeitpunkt in Tsd. €:

Zeitpunkt	Erlöse	Betriebskosten	Restverkaufserlös
t_0	400	280	100
t_1	400	295	75
t_2	400	295	65
t_3	400	310	50
t_4	400	340	0

Alternativ kann auf einem CNC-Automaten gefertigt werden. Bei einer Nutzungsdauer von fünf Jahren und einem internen Zinsfuß von 7 % wurde ein Kapitalwert von 307.902,53 € ermittelt.

Ermitteln Sie den optimalen Ersatzzeitpunkt.

Lösung s. Seite 207

Aufgabe 3: Optimaler Ersatzzeitpunkt (3)

gleichbleibende Überschüsse jährlich, mit Liquidationserlösen

Es ist zu prüfen, ob die bestehende Altanlage durch eine Neuanlage ersetzt werden muss. Dazu existieren folgende Prämissen (Angaben in €):

	Altanlage	**Neuanlage**
Anschaffungswert	a_A = 120.000 €	a_N = 200.000 €
Jährlicher Überschuss, gleichbleibend	$ü_A$ = 25.000 €	$ü_N$ = 40.000 €
Liquidationserlös	L_A = 10.000 €	L_N = 10.000 €
Kalkulatorischer Zinssatz	p = 10 %	
Laufzeit	n = 10 Jahre	

Lösung s. Seite 208

2.5 Investitionskontrolle

Aufgabe 1: Investitionskontrolle (1)

a) Definieren Sie den Begriff „Investitionskontrolle".

b) Beschreiben Sie vier Arten der Investitionskontrolle.

Lösung s. Seite 209

Aufgabe 2: Investitionskontrolle (2)

Nennen Sie sechs Plandaten, die im Rahmen der Investitionskontrolle insbesondere zu überprüfen sind.

Lösung s. Seite 210

1. Finanzierung

1.1 Grundlagen der Finanzwirtschaft

Lösung zu Aufgabe 1: Liquiditätsbegriff

Man unterscheidet folgende Liquiditätsbegriffe:

1. Als **absolute Liquidität** bezeichnet man die Eigenschaft von Vermögensteilen, als Zahlungsmittel verwendet oder in flüssige Mittel umgewandelt werden zu können; ein Vermögensteil hat eine um so höhere **Liquidierbarkeit**, je schneller er sich in Zahlungsmittel umwandeln lässt.

   1.1 Die **natürliche** (auch: ursprüngliche) **Liquidität** ist die Eigenschaft von Vermögensteilen, durch den betrieblichen Leistungsprozess in flüssige Mittel umgewandelt zu werden. Ein Unternehmen kauft z. B. Roh-, Hilfs- und Betriebsstoffe sowie Baugruppen am Beschaffungsmarkt, fertigt Druckluftverdichter und erhält durch den Verkauf über die Umsatzerlöse wieder liquide Mittel.

   1.2 Als **künstliche** (auch: vorzeitige) **Liquidität** bezeichnet man den Vorgang, dass Vermögensteile vorzeitig verkauft werden (ggf. mit Wertabschlag).

   Beispiel

   Das Unternehmen muss aufgrund von Absatzproblemen die Fertigung der Druckluftverdichter einstellen. Durch den Verkauf von Rohstoffen und Baugruppen (unter dem Marktpreis) werden Vorräte in liquide Mittel umgewandelt.

2. Die **relative Liquidität** sagt aus, ob ein Unternehmen allen Zahlungsverpflichtungen fristgerecht nachkommen kann.

   2.1 Die **statische Liquidität** bezieht sich auf einen bestimmten Zeitpunkt. Unterschieden werden folgende Liquiditätsgrade:

Liquidität 1. Grades auch: Barliquidität	$\frac{\text{Flüssige Mittel}}{\text{Kurzfristige Verbindlichkeiten}} \cdot 100$
Liquidität 2. Grades auch: Einzugsliquidität	$\frac{\text{Flüssige Mittel + kurzfristige Forderungen}}{\text{Kurzfristige Verbindlichkeiten}} \cdot 100$
Liquidität 3. Grades auch: Umsatzliquidität	$\frac{\text{Flüssige Mittel + kurzfristige Forderungen + Vorräte}}{\text{Kurzfristige Verbindlichkeiten}} \cdot 100$

   2.2 Die **dynamische Liquidität** bezieht sich auf einen bestimmten Zeitraum. Sie wird durch den Einsatz der Instrumente „Finanzplanung“ und „Finanzdisposition“ sichergestellt. Verfahren der dynamischen Liquiditätsanalyse sind Cashflow-Analyse, Bewegungsbilanz und Kapitalflussrechnung.

Lösung zu Aufgabe 2: Zielkonflikte in der Finanzwirtschaft

a) Zwischen der Rentabilität und der Liquidität besteht ein finanzwirtschaftlicher Zielkonflikt, weil die bereitgehaltenen flüssigen Mittel, die der Sicherung der Liquidität dienen, nicht gewinnbringend angelegt werden können.

Langfristig können positive Ertragslagen nur gesichert werden, wenn kontinuierlich die erforderlichen Investitionen getätigt werden. Dies kann zu Liquiditätsengpässen führen.

Vorrang hat grundsätzlich das Kriterium der Liquidität, da Illiquidität ein Insolvenzgrund ist.

b)

		Variante 1 **EK = 100 %**	**Variante 2** **EK = 60 %** **FK = 40 %**	**Variante 3** **EK = 20 %** **FK = 80 %**
Verschuldungsgrad	FK : EK • 100	0 %	67 %	400 %
Reingewinn	Gewinn - FK-Zinsen	150.000 €	114.000 €	78.000 €
EK-Rendite	Reingewinn : EK • 100	15 %	19 %	39 %

Das Zahlenmaterial zeigt den Konflikt zwischen den finanzwirtschaftlichen Zielgrößen Unabhängigkeit und Rentabilität:

Mit zunehmendem Fremdkapitalanteil wächst die Eigenkapitalrendite. Dafür geht die wirtschaftliche Unabhängigkeit verloren.

Lösung zu Aufgabe 3: Mittelherkunft, Mittelverwendung (Zuordnung), Begriffe

a)

		Bilanzielles Eigenkapital	**Fremdkapital**	**Anlagevermögen**	**Umlaufvermögen**
1	Geschäftsanteile	x			
2	Rückstellungen		x		
3	Vorräte				x
4	Verbindlichkeiten		x		
5	Gewinnrücklagen	x			
6	Wertpapiere				x
7	Gewinnvortrag	x			
8	Kapitalrücklage	x			
9	Forderungen				x
10	Schecks				x
11	Sachanlagen			x	
12	Jahresüberschuss	x			

		Bilanzielles Eigenkapital	Fremdkapital	Anlagevermögen	Umlaufvermögen
13	Kasse				x
14	Finanzanlagen			x	

b)

	auch:
Finanzierung aus Umsatzerlösen	Überschussfinanzierung, Cashflow-Finanzierung
Kreditfinanzierung	Fremdfinanzierung
Einlagenfinanzierung	Beteiligungsfinanzierung

Lösung zu Aufgabe 4: Finanzierungsformen (1)

Merkmale zur Unterscheidung von Finanzierungsquellen				
Merkmale		*Finanzierungsform*		
1	**Kapitalherkunft** Woher stammt das Kapital?	**Außenfinanzierung**	Das Kapital wird dem Unternehmen von außen zugeführt; es stammt also nicht aus dem betrieblichen Leistungsprozess.	
		Innenfinanzierung	Das Kapital stammt aus dem Unternehmen selbst – also aus dem betrieblichen Leistungsprozess.	
2	**Rechtsstellung** Welche Rechtsstellung hat der Kapitalgeber?	**Fremdfinanzierung**	Das Kapital wird durch außenstehende Gläubiger aufgebracht (*Kreditfinanzierung*).	
		Eigenfinanzierung	Das Kapital wird durch Eigentümer aufgebracht, z. B. Unternehmer, Gesellschafter, Aktionäre.	
3	**Fristigkeit** Wie lange steht das Kapital zur Verfügung?	**kurzfristig**	bis 1 Jahr	z. B. Wechsel, Kontokorrentkredite
		mittelfristig	1 bis 4 Jahre	z. B. Darlehen
		langfristig	mehr als 4 Jahre	z. B. Schuldverschreibungen
4	**Anlass** Warum werden Finanzierungsmittel benötigt?	► Gründung ► Umwandlung ► Fusion	► Sanierung ► Expansion ► Rationalisierung	► Kapitalerhöhung ► Sicherung ► Liquiditätsverbesserung

Jede Finanzierungsform ist eine Kombination aus den dargestellten Merkmalen. Insgesamt lässt sich folgender *Überblick* über mögliche Finanzierungsformen geben:

Finanzierungsformen

Außenfinanzierung	**Innenfinanzierung**
1. Eigenfinanzierung Beteiligungsfinanzierung ► Personengesellschaften ► Kapitalgesellschaften	1. Selbstfinanzierung aus Gewinn ► offene Selbstfinanzierung ► stille Selbstfinanzierung
2. Mezzanine Finanzierungen ► Nachrangige Darlehen ► Partiarische Darlehen ► Gesellschafterdarlehen ► Stille Beteiligung ► Wandelschuldverschreibungen ► Genussscheine	2. Finanzierung aus Kapitalfreisetzung ► Finanzierung aus Abschreibungsgegenwerten ► Vermögensumschichtung ► Erhöhung der Umschlagshäufigkeit ► Rationalisierung ► Sales-and-Lease-back-Verfahren
3. Fremdfinanzierungen 3.1 Langfristig ► Investitionskredit ► Schuldscheindarlehen ► Schuldverschreibungen ► Optionsanleihen ► Null-Kupon-Anleihen ► Zinsvariable Anleihen 3.2 Kurzfristig ► Kontokorrentkredit ► Lieferantenkredit ► Kundenanzahlungen ► Wechselkredit ► Lombardkredit ► Dokumentenakkreditiv ► Avalkredit	3. Finanzierung aus Rückstellungen Sonderformen: ► Leasing ► Factoring ► Forfaitierung ► Asset-Backed-Securities

Lösung zu Aufgabe 5: Finanzierungsformen (2)

Sachverhalt		Finanzierung mit Eigenkapital	Finanzierung mit Fremdkapital	Außenfinanzierung	Innenfinanzierung	Beteiligungsfinanzierung
1	Aufnahme eines neuen Gesellschafters	x				x
2	Einbehalten der Gewinne und Verwendung für Investitionszwecke	x			x	
3	Umwandlung eines kurzfristigen in einen langfristigen Kredit		x	x		
4	Aufnahme eines zusätzlichen Kredits		x	x		
5	Finanzierung einer Ersatzinvestition aus Abschreibungsbeträgen	x			x	
6	Bildung von Pensionsrückstellungen		x		x	
7	Kauf einer Maschine mit Zahlungsziel vier Monate		x	x		
8	Leasing eines Firmen-Lkw		x	x		
9	Verkauf einer Altanlage zur Verbesserung der Liquidität	x			x	

1.2 Zahlungsverkehr

Lösung zu Aufgabe 1: Dauerauftrag, Lastschriftverfahren

a) und b)

- **Dauerauftrag:**
  Der Dauerauftrag ist eine besondere Form der Überweisung. Der Auftraggeber erteilt seiner Bank einmal den Auftrag, zu regelmäßigen Terminen (z. B. am ersten Tag eines jeden Monats) einen bestimmten Betrag auf ein bestimmtes Konto zu überweisen.

- **Lastschriftverfahren:**
  Wer bei wechselnden Zahlungsbeträgen an ein und denselben Empfänger Arbeit sparen will, kann dies per Lastschriftverfahren ausführen lassen. Man unterscheidet zwei Formen:

  - **Einzugsermächtigungslastschriftverfahren:**
    Dem Zahlungsempfänger liegt eine Ermächtigung vor, fällige Beträge vom Konto des Schuldners abzubuchen (Einzugsermächtigung). Die Belastung durch den Gläubiger erfolgt ohne vorherige Nachricht. Eine Rückbelastung kann innerhalb von sechs Wochen verlangt werden (Vorteil; vgl. AGBs der Kreditinstitute).

- **Abbuchungsauftragslastschriftverfahren:**
  Unmittelbarer Auftrag an die Bank, die vom Gläubiger vorgelegte Lastschrift vom Konto des Schuldners abzubuchen. Einer durchgeführten Kontobelastung kann nicht widersprochen werden.

Überweisung als Dauerauftrag	Überweisung als Lastschrift
Empfänger ist immer gleich.	Empfänger ist immer gleich.
Betrag ist immer gleich.	Betrag kann sich ändern.
Zeitpunkt (Zahlungsrhythmus) ist immer gleich.	Zeitpunkt kann sich ändern.
Empfängerkonto ist immer gleich.	Empfängerkonto ist immer gleich.
Vorgang wird vom Zahlungspflichtigen ausgelöst.	Vorgang wird vom Zahlungsempfänger ausgelöst.
Der Zahlungspflichtige kann den Betrag vom Zahlungsempfänger nur direkt zurückfordern.	Irrtümliche Belastung kann bei einer Einzugsermächtigung innerhalb von sechs Wochen storniert werden (Rückbelastung).
Anwendungen in der Praxis, z. B.:	
► Miete ► Beiträge ► bargeldlose Privatentnahmen	► Stromrechnungen ► Grundbesitzabgaben ► Umsatzsteuervorauszahlungen

c) Mit SEPA (Single Euro Payment Area) soll ein einheitlicher Euro-Zahlungsverkehrsraum geschaffen werden. Bisher existierende Unterschiede bei der Abwicklung von grenzüberschreitenden Zahlungen werden damit schrittweise aufgehoben.

Die internationale Kontonummer IBAN und die internationale Bankenkennung BIC lösten die bisher gültigen nationalen Identifizierungen (Kontonummer, Bankleitzahl) zum 01.02.2014 ab.

Lösung zu Aufgabe 2: Scheck

Scheck	
Gesetzliche Bestandteile (ScheckG Art. 1)	**Kaufmännische Bestandteile**
1. Bezeichnung „Scheck“ im Text der Urkunde 2. unbedingte Anweisung, eine bestimmte Geldsumme zu zahlen 3. Name des bezogenen Kreditinstituts 4. Zahlungsort 5. Tag und Ort der Ausstellung 6. Unterschrift des Ausstellers	1. Schecksumme in Ziffern 2. Kontonummer des Ausstellers 3. Bankleitzahl 4. Schecknummer 5. Überbringerklausel 6. Name des Scheckempfängers 7. Verwendungszweck/Codierung

Lösung zu Aufgabe 3: POS-Verfahren, Phishing

a) ► Das **POS-System mit Zahlungsgarantie** erfordert die Eingabe einer PIN. Der Zahlungsvorgang erfolgt online; der Zahlungsempfänger hat sofortige Zahlungsgarantie.

► Das **POS-System ohne Zahlungsgarantie** erfordert keine Eingabe einer PIN. In diesem System dient die Unterschrift als Legitimation und als Einzugsermächtigung der Lastschrift. Der Zahlungsempfänger hat keine sofortige Zahlungsgarantie. Im Fall der Nichtzahlung ist er berechtigt, Name und Anschrift des Zahlungspflichtigen (Karteninhaber) in Erfahrung zu bringen. Die Nutzung dieses Systems ist für die Unternehmen kostengünstiger.

b) Phishing ist das Einbringen eines Trojaners) auf den Rechner des Nutzers zum Abfangen der PIN und der TAN, um diese an den Hacker weiterzuleiten.

Lösung zu Aufgabe 4: Zahlungsverkehr in das Ausland

a) INFO

Die Lösung dieser und ähnlicher Aufgaben erfordert die Kenntnis der gängigen Incoterms (vgl. dazu Aufgabe und Lösung 9).

DDU Puerto Montt		
Die Lanz GmbH	**Die OREGANO Ltd.**	**Gefahrenübergang**
ist verpflichtet, der OREGANO Ltd. die Ware bis Puerto Montt zur Verfügung zu stellen. Alle entstehenden Kosten für die gesamte Transportstrecke sowie die Einfuhrverzollung sind vom Verkäufer zu tragen.	ist lediglich noch für das Entladen des Transportfahrzeugs verantwortlich.	Nachdem die Ware der OREGANO Ltd. in Puerto Montt zur Verfügung gestellt wurde, trägt sie das Risiko, dass die Ware beschädigt wird oder verloren geht.

b) Möglichkeiten zur Absicherung des Zahlungsrisikos, z. B.:

- Vorauszahlung
- Zahlung durch Nachnahme
- Dokumente gegen Zahlung (d/p inkasso: documents against payment)
- Dokumente gegen Akzept (d/a inkasso: documents against acceptance)
- Dokumentenakkreditiv (L/C)

c) Die Vereinbarung L/C schützt nicht nur vor dem Zahlungsausfallrisiko, sondern darüber hinaus auch vor dem Annahmerisiko, das durch d/p und d/a nicht beseitigt wird.

d) Dokumente für den Seetransport nach Puerto Montt:
   - Handelsfaktura (Commercial Invoice)
   - See-Konnossement (bill of lading)
   - Ausfuhranmeldung für die deutschen Zollbehörden
   - ggf. Zollfaktura (Customs Invoice)
   - ggf. Ursprungszeugnis (Certificate of Origin)
   - ggf. Nachweis über die Einhaltung technischer Normen
   - Warenbegleitpapiere (z. B. Aufmaßliste, Verpackungsliste, Gewichtszertifikat, Qualitätszertifikat)

e) Die Incoterm DDP enthält bezüglich der Transportversicherung keine Regelung. Die Lanz GmbH und die OREGANO Ltd. müssen diesen Teil des Kaufvertrages regeln.

Lösung zu Aufgabe 5: Electronic Banking

Mit Electronic Banking (auch: Homebanking) bezeichnet man die Durchführung von Bankgeschäften per Computer. Unter Berücksichtigung der technischen Voraussetzungen wählt man den Rechner seiner Bank an und kann die Konten- und Depot-Verwaltung mithilfe eines Computers durchführen. Hierzu ist es erforderlich, dass man selbst als Homebanking-Benutzer bei seiner Bank registriert ist und die Konten und Depots für das Homebanking freigeschaltet sind. Heute gibt es ca. 1.500 Geldinstitute, die Homebanking anbieten.

Beim Homebanking wird ein zweistufiges Sicherungskonzept verwendet:

- Zur Identifikation auf dem Bankrechner erhält man eine so genannte PIN, eine „Persönliche Identifikations-Nummer". Diese gibt man zu Beginn einer Online-Verbindung zum Bankrechner ein.
- Die zweite Stufe sichert die Durchführung von Bankaufträgen mittels einer so genannten TAN, einer Transaktions-Nummer, die man als elektronischen Ersatz der Unterschrift betrachten kann. Die TAN schaltet eine einzelne Transaktion, wie z. B. eine Überweisung, frei und ist anschließend ungültig bzw. wird vom Bankrechner nicht mehr für weitere Transaktionen akzeptiert. Transaktions-Nummern werden je nach Verbrauch automatisch von den Banken zur Verfügung gestellt (z. B. TAN-Generator).

Lösung zu Aufgabe 6: Incoterms

Gruppe	Klausel	Beschreibung	Transportart
E	**EXW** Ex Works (ab Werk)	Der Gefahrenübergang auf den Importeur erfolgt direkt ab Werk des Exporteurs. Der Importeur transportiert die Waren komplett auf eigene Kosten.	**alle**
F	**FCA** Free Carrier (frei Frachtführer benannter Ort)	Der Verkäufer verpflichtet sich, die Ware auf seine Kosten einem vom Käufer benannten Frachtführer an einem vereinbarten Lieferort zu übergeben. Das ist der Ort der Übergabe der Ware an den ersten Frachtführer am Abgangsort. Ab diesem Zeitpunkt trägt der Käufer die Transportkosten sowie das Risiko von Transportschäden.	**alle**
F	**FAS** Free alongside ship (frei Längsseite Schiff)	Der Verkäufer hat seine vertraglichen Pflichten dann erfüllt, wenn er die Ware in dem benannten Verschiffungshafen bis an die Längsseite des vom Käufer benannten Schiffes verbracht hat. Ab diesem Zeitpunkt trägt der Käufer die weiteren Transportkosten der Reederei und das Transportrisiko.	**Schiff**
F	**FOB – geändert** Free on board (frei an Bord benannter Verladehafen)	Die Lieferpflicht des Verkäufers endet, wenn die Ware im benannten Hafen auf das vom Käufer benannte Schiff verladen wurde. Ab diesem Zeitpunkt trägt der Käufer die weiteren Transportkosten sowie das Risiko, dass die Ware beim Transport beschädigt wird.	**Schiff**
C	**CFR – geändert** Cost & Freight (Kosten & Fracht benannter Bestimmungshafen)	Hier trägt der Verkäufer die Frachtkosten bis zum vertraglich vereinbarten Bestimmungshafen, also die Kosten für die Haupttransportstrecke. Die Transportgefahr geht (wie bei FOB) auf den Käufer über, wenn die Ware auf das benannte Schiff verladen wurde.	**Schiff**
C	**CIF – geändert** Cost, Insurance, Freight (Kosten, Versicherung und Fracht benannter Bestimmungshafen)	Neben den Kosten der Reederei für die Transportstrecke zwischen Verlade- und Entladehafen trägt der Verkäufer zusätzlich auf seine Kosten zugunsten des Käufers eine Seeschadensversicherung (Transportversicherung). Die Transportgefahr geht (wie bei CFR und FOB) auf den Käufer über, wenn die Ware auf das benannte Schiff verladen wurde.	**Schiff**
C	**CPT** Carriage paid to (frachtfrei benannter Bestimmungsort)	Der Verkäufer trägt sämtliche Transportkosten der Ware bis zum Bestimmungsort. Der Gefahrenübergang auf den Importeur erfolgt bereits bei der Übergabe der Ware an den ersten Frachtführer.	**alle**

Gruppe	Klausel	Beschreibung	Transportart
C	**CIP** Carriage and Insurance paid to (frachtfrei versichert benannter Bestimmungsort)	Im Unterschied zur CPT-Klausel ist der Verkäufer hier zusätzlich verpflichtet, auf seine Kosten zu Gunsten des Käufers eine Transportversicherung abzuschließen. Der Gefahrenübergang auf den Importeur erfolgt wie bei CPT bei der Übergabe der Ware an den ersten Frachtführer.	**alle**
D	**DAP – neu** Delivered at Place (geliefert benannter Ort)	Der Verkäufer ist verpflichtet, die Ware am Bestimmungsort unentladen zur Verfügung zu stellen. Er trägt alle Transportkosten und -gefahren, bis die Ware dem Käufer auf dem ankommenden Beförderungsmittel entladebereit am benannten Bestimmungsort zur Verfügung gestellt wird.	**alle**
D	**DAT – neu** Delivered at Terminal (geliefert Terminal)	Der Verkäufer verpflichtet sich, die Ware an einem vom Käufer genannten Terminal (z. B. Kai, Containerdepot, Eisenbahnterminal, Luftfrachtterminal) entladen zur Verfügung zu stellen. Er trägt alle Transportkosten und -gefahren, bis die Ware vom ankommenden Beförderungmittel entladen wurde und dem Käufer an einem benannten Terminal im benannten Bestimmungshafen oder -ort zur Verfügung gestellt wird. Das heißt, gegenüber DAP übernimmt der Verkäufer zusätzlich noch Kosten und Risiko des Entladens.	**alle**
D	**DDP** Delivered Duty paid (geliefert verzollt benannter Bestimmungsort)	Der Verkäufer ist verpflichtet, dem Käufer die Ware am im Kaufvertrag festgelegten Ort im Einfuhrland zur Verfügung zu stellen. Alle entstehenden Kosten für die gesamte Transportstrecke sowie die Einfuhrverzollung sind vom Verkäufer zu tragen. Der Käufer ist lediglich noch für das Entladen des Transportfahrzeugs verantwortlich.	**alle**

1.3 Grundzüge des Risikomanagements***

Lösung zu Aufgabe 1: Risikomanagement, Gegenstand, Strategien

a) Gegenstand des **Risikomanagements** ist die systematische Erfassung und Bewertung von Risiken sowie die Steuerung und Kontrolle von Maßnahmen bezogen auf die ermittelten Risiken. Risikomanagement ist ein systematisches Verfahren, das in vielen Unternehmensbereichen eingesetzt wird, so z. B. *im Rahmen des finanzwirtschaftlichen Managements.*

b) Neben dem **Insolvenzrisiko** sind vor allem folgende Risiken zu beachten:

Risiken im Bereich des Finanzmanagements

- **Ausfallrisiko**
  (auch: Bonitätsrisiko; Kreditrisiko i. e. S.)
  Das Ausfallrisiko bedeutet, dass der Kreditnehmer objektiv zahlungsunfähig werden kann oder subjektiv zahlungsunwillig ist. Beispiel: Lieferantenkredit.

- **Zinsänderungsrisiko**
  Bei Geldanlagen: Risiko der Zinssenkung
  Bei Kreditaufnahme: Risiko des Zinsanstiegs
  Zinsänderungsrisiken existieren bei der Vereinbarung variabler Zinssätze während der Laufzeit sowie am Ende der Laufzeit bezüglich einer evtl. Anschlussfinanzierung.

- **Besicherungsrisiko**
  Das Besicherungsrisiko beinhaltet, dass der Wert der gestellten Sicherheit sinken kann (z. B. Kursverfall der als Sicherheit abgetretenen Wertpapiere oder Wertverfall einer verpfändeten Immobilie aufgrund außergewöhnlicher Ereignisse). Bei Eintritt des Risikofalles ist der Kreditnehmer i. d. R. gezwungen, zusätzliche Sicherheiten zu stellen. Ist er dazu nicht in der Lage, ist mit einer Kündigung des Kredits (durch die Bank) zu rechnen.

- **Währungsrisiko**
  (auch: Wechselkursrisiko)
  Währungsrisiken existieren, wenn Zahlungsverpflichtungen oder Zahlungsansprüche auf der Basis von Fremdwährungen vereinbart wurden.
  - Steigt der Kurs der Fremdwährung (z. B. Wechselkurs $/€) bei Zahlungsverpflichtungen, so erhöhen sich die Kosten für das zu Grunde liegende Warengeschäft.
  - Sinkt der Kurs der Fremdwährung bei Zahlungsansprüchen, so vermindern sich die Erlöse für das zu Grunde liegende Warengeschäft.

  Da Wechselkurse generell fallen oder steigen können, beinhaltet das Währungsrisiko auch immer die Chance, Kursgewinne zu realisieren.

- **Konzentrationsrisiko**
  Dieses Risiko wird vorwiegend im Bankgeschäft gesehen (auch: Klumpenrisiko). Wenn z. B. ein Bankinstitut an einen Großkonzern einen sehr hohen Kredit vergibt oder viele Einzelkredite an Kunden der gleichen Branche (z. B. Automobilhersteller), so kann die Bilanz der Bank in eine Schieflage geraten, wenn der Großkonzern insolvent wird bzw. die betreffende Branche einer Krise ausgesetzt ist.

- **Länderrisiko**
  Das Länderrisiko ist für finanzwirtschaftliche und güterwirtschaftliche Transaktionen gleichermaßen relevant. Es umfasst u. a. das Ausfallrisiko, das Wechselkursrisiko sowie das Transferrisiko. Einigermaßen zuverlässig kann das Länderrisiko nur von Spezialisten erfasst werden: es ergibt sich als komplexe Größe aus einer Vielzahl von Bestimmungsgrößen, z. B. politische Risiken (Krieg, Boykott, Unruhen), wirtschaftliche Risiken (z. B. Wachstum, Lohnkosten), Transfer- und Konvertierungsrisiken.

c) In der Regel werden in der Literatur fünf Strategien der Risikosteuerung unterschieden:

Strategien der Risikosteuerung

- **Risikovermeidung**
  Eine vollständige Risikovermeidung ist eher der Ausnahmefall und nur dann möglich, wenn das Unternehmen die risikobehaftete Handlung unterlässt (z. B. im Fall Existenz bedrohender Aktivitäten).
- **Risikoverminderung**
  Schwerpunkt dieser Strategie ist das Erkennen und Bewerten der potenziellen Risiken, die dann auf ein vertretbares Maß zu reduzieren sind.
- **Risikobegrenzung**
  Die Risikobegrenzung gliedert sich in zwei Teilstrategien:
  - **Risikostreuung:** Geldanlage-, Vermögens- und Finanzierungsrisiken sind zu streuen (auch: zu diversifizieren), indem das Gesamtengagement des Unternehmens (Anlage- oder Finanzierungsbetrag) auf unterschiedliche Laufzeiten, Formen und Gläubiger/Schuldner verteilt wird.
  - **Risikolimitierung:** Das Management setzt definierte Obergrenzen (Limite; quantitative Größen) für das Maß eines Risikos.
- **Risikoüberwälzung**
  Das Risiko wird faktisch oder vertraglich, ganz oder teilweise durch ein zusätzliches Geschäft an Dritte übertragen (Vertragspartner oder Versicherungsunternehmen). Das Risiko bleibt bestehen, der Risikoträger wechselt (vgl. z. B. Zinsswap, Zinsoption, Zinsbegrenzung).
- **Risikoakzeptanz**
  Hier wird das bestehende Risiko bzw. Restrisiko bewusst in Kauf genommen, weil z. B. Maßnahmen der Begrenzung oder Überwälzung in keiner angemessenen Kosten-Nutzen-Relation stehen. Diese Strategie setzt jedoch voraus, dass ein Risikodeckungspotenzial in ausreichender Höhe gebildet wird, damit der evtl. eintretende Schadensfall aus eigener Finanzkraft ausgeglichen werden kann.

d) Mit Hedging (engl.: to hedge; absichern) bezeichnet man ein (zusätzliches) Finanzgeschäft zur Absicherung einer Transaktion gegen Risiken (z. B. Wechselkursschwankungen, Veränderung der Rohstoffpreise, Zinsänderungen).

Das eigentliche Grundgeschäft (z. B. Kreditvertrag mit variabler Verzinsung) wird mit einer zusätzlichen Transaktion gekoppelt (z. B. Cap oder Floor) und erfährt dadurch eine Absicherung. In der Praxis kann auch ein perfekter Hedge das Risiko nicht völlig eliminieren.

- Hedgegeschäfte lassen sich grundsätzlich mit börsengehandelten Instrumenten (z. B. Futures und Optionen) aber auch außerbörslich in so genannten over-the-counter-Märkten (OTC-Märkten) mittels nichtstandardisierter Derivate einrichten. Hinsichtlich der relevanten Merkmale lässt sich für die marktüblichen Derivate folgende Übersicht geben:

Derivate im Überblick						
	Merkmale					
Instrumente	**Fristigkeit**	**Risikoprofil**		**Standardisierung**		**Kosten**
		Symmetrisch	Asymmetrisch	Börsennotiert	OTC-Märkte	
Cap, Floor, Collar	langfristig		x		x	Optionsprämie; ggf. Ausgleichszahlung bei Collar
Optionen	kurz- und langfristig		x	x		Optionsprämie
FRAs	kurzfristig bis zu 2 Jahren		x		x	-
Swaps	langfristig	x			x	-
Futures	kurzfristig	x		x		Provision

- Die bilanzexterne Finanzierung (engl.: Off-balance-sheet) ist ein Begriff aus dem Finanz- und Rechnungswesen, der eine *bilanzneutrale Finanzierung* bezeichnet. Vermögenswerte und Schulden werden dabei im Regelfall in eine Zweckgesellschaft ausgelagert, die nicht in den Konsolidierungskreis des berichtenden Unternehmens fällt.

  Beispiele für eine derartige Finanzierungsform sind das Leasing und insbesondere das Sale-and-lease-back-Verfahren, bei dem das Anlagevermögen und auch die entsprechenden Verbindlichkeiten aus der Bilanz herausgenommen werden können.

Lösung zu Aufgabe 2: Zinsmanagement-Instrumente

Grundsätzlich kann sich ein Unternehmen bei der Finanzierung durch eine Festzinsvereinbarung gegen das Zinsänderungsrisiko absichern. Im Regelfall wird dies jedoch zu höheren Kosten führen, da der Festzinssatz meist über dem Zinssatz einer vergleichbaren variablen Verzinsung liegt. Außerdem verliert das Unternehmen die Chance, von allgemeinen Zinssenkungen am Markt zu profitieren.

Wird hingegen ein variabler Zins vereinbart, kann das Unternehmen von allgemeinen Zinssenkungen profitieren, es trägt aber das volle Risiko allgemeiner Zinssteigerungen. Dies kann zu einem nicht unerheblichen Anstieg der Kreditkosten führen.

Zur Absicherung derartiger Zinsänderungsrisiken hat der Finanzmarkt eine Reihe von Produkten entwickelt, die hier in Form einer *Übersicht* dargestellt werden.

<table>
<tr><th colspan="4">Zinsmanagement-Instrumente</th></tr>
<tr><td>Zinsswap
Zinstausch</td><td colspan="3">Die Zinsverpflichtungen aus Finanzierungsmitteln gleicher Laufzeit und gleicher Währung aber mit unterschiedlichen Zinsbindungsfristen werden getauscht; die Kapitalien bleiben – im Gegensatz zum Währungsswap – unberührt.</td></tr>
<tr><td rowspan="3">Zinsbe-
grenzung</td><td>CAP
Zinsobergrenze</td><td>Floor
Zinsuntergrenze</td><td>Collar
Kombination
von CAP und Floor</td></tr>
<tr><td>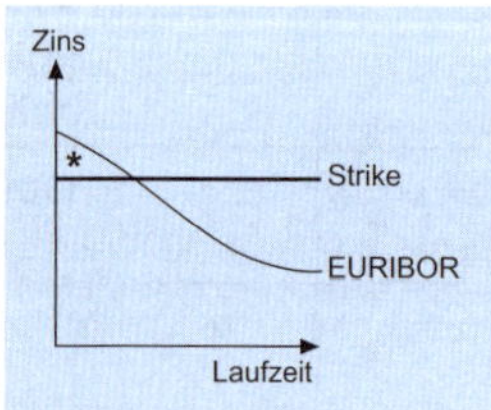
</td><td>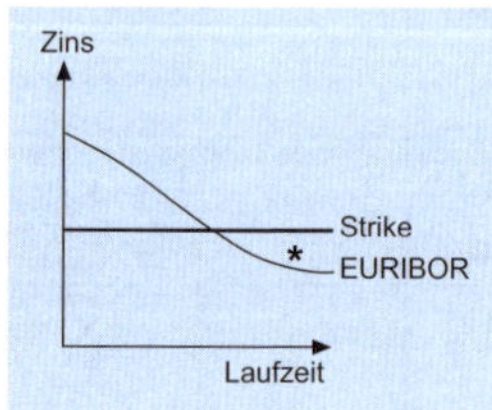
</td><td>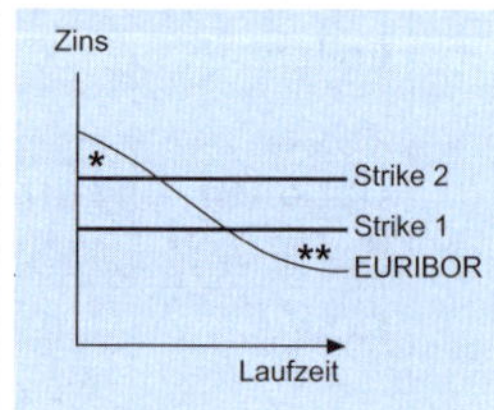
</td></tr>
<tr><td>Der Kunde erhält eine Ausgleichszahlung*, wenn der Zins (z. B. EURIBOR) über dem Strike liegt.</td><td>Der Kunde erhält eine Ausgleichszahlung*, wenn der Zins unter dem Strike liegt.</td><td>Der Kunde erhält eine Ausgleichszahlung* wie beim CAP (Strike 2) und muss selbst eine Ausgleichszahlung** leisten, wenn der Zins unter dem Strike 1 liegt.</td></tr>
<tr><td>FRA
Termin-
zinssatz</td><td colspan="3">Forward Rate Agreement: Zwei Vertragsparteien vereinbaren einen festen Terminzinssatz (Forward Rate) auf einen bestimmten Nominalbetrag für einen in der Zukunft liegenden Zeitraum. Sie verpflichten sich, Ausgleichszahlungen zu leisten, sofern ein festgelegter Referenzzins zu Beginn des in der Zukunft liegenden Zeitraums über oder unter dem vereinbarten Terminzinssatz liegt. Der Verkauf eines FRA ist eine Absicherung gegen fallende Zinsen; der Kauf eines FRA ist eine Absicherung gegen steigende Zinsen. FRA-Geschäfte werden üblicherweise mit 3-, 6-, 9- oder 12-monatiger Laufzeit abgeschlossen.</td></tr>
<tr><td>Zins-
Futures</td><td colspan="3">Zins-Futures sind das börsliche Gegenstück zu den FRAs. Sie sind echte Termingeschäfte. Im Unterschied zu den FRAs wird jedoch nicht der Zins zwischen Käufer und Verkäufer vereinbart, sondern der sich aus dem Zins ergebende Kurs des Wertpapiers. Letztlich liegt damit ein standardisierter Kauf/Verkauf einer Anleihe per Termin vor.</td></tr>
<tr><td>Zins-
option</td><td colspan="3">Option auf festverzinsliche Kapitalmarkttitel oder auf Zinsfutures</td></tr>
</table>

Lösung zu Aufgabe 3: Devisentermingeschäft, Devisenoption, Währungsswap

a) **Devisenoptionsgeschäft**
Beim Devisenoptionsgeschäft erwirbt der Käufer das Recht (jedoch nicht die Pflicht) einen festgelegten Währungsbetrag zu einem bestimmten Wechselkurs (Preis) an einem bestimmten Verfalltag zu kaufen oder zu verkaufen. Der Käufer bezahlt für dieses Recht eine Prämie, unabhängig davon, ob er die Option ausübt oder nicht. Durch ein Devisenoptionsgeschäft können Risiken von Devisenkursschwankungen abgesichert werden.

Devisentermingeschäft
Von einem Devisentermingeschäft ist die Rede, wenn die Währungsbeiträge nicht innerhalb von zwei Tagen, sondern zu einem späteren, aber im Vertrag vereinbarten Termin bereitgestellt werden müssen. Die Laufzeiten liegen in der Regel bis zu einem Jahr, können aber auch darüber hinaus gehen. Da im Vertrag auch der Terminkurs vereinbart wird, bietet das Devisentermingeschäft eine gewisse Sicherheit gegen Kursschwankungen.

b) Die DRAFTEX GmbH nimmt einen Währungskredit mit einer Laufzeit auf, die auf den Zahlungseingang abgestellt ist. Es erfolgt zur Kurssicherung ein sofortiger Tausch der Fremdwährung in Euro. Die Liquidität in Euro wird bis zur Fälligkeit des Kredites angelegt. Der Währungskredit einschließlich der Zinsen wird bei Fälligkeit aus dem Zahlungseingang bedient.

c) Ein Währungsswap ist ein Finanzderivat, bei dem zwei Vertragsparteien ihre Finanzmittel (Zins- und Kapitalzahlungen, die auf gleiche Laufzeiten und Zinskonditionen begrenzt sind) in unterschiedlichen Währungen austauschen. Der Vorteil des Geschäfts wird in den komparativen Zinsvorteilen gesehen, die eine oder auch beide Parteien in der jeweils von dem Partner gesuchten Währung haben. Am Ende der Laufzeit erfolgt ein Rücktausch. Während der Laufzeit kann die jeweils andere Währung zweckbestimmt verwendet werden.

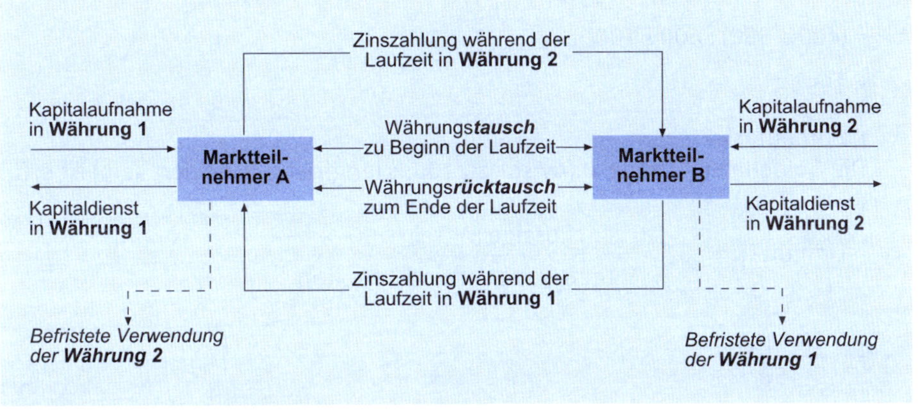

1.4 Finanzierungsregeln

Lösung zu Aufgabe 1: Finanzierungsregeln (1), Rating

a)

$$\text{Verschuldungsgrad (statisch)} = \frac{FK \cdot 100}{EK}$$

$$= \frac{1.000 \cdot 100}{400}$$

$$= 250\ \%$$

Kommentar:
Ein Verschuldungsgrad

- von ≤ 100 % gilt als erstrebenswert,
- von ≤ 200 % gilt als noch zulässig.

Beide Forderungen sind nicht erfüllt. Die Situation ist unbefriedigend.

b)

$$\text{Anlagendeckungsgrad I} = \frac{\text{EK} \cdot 100}{\text{AV}}$$

$$= \frac{400 \cdot 100}{600}$$

= 66,7 %

Kommentar:
Die Goldene Bilanzregel I (AV zu 100 % durch EK gedeckt) ist nicht erfüllt!

$$\text{Anlagendeckungsgrad II} = \frac{(\text{EK} + \text{langfristiges FK}) \cdot 100}{\text{AV}}$$

= (400 + 550) : 600 • 100

= 158 %

Kommentar:
Die Goldene Bilanzregel II (AV soll zu 100 % langfristig finanziert sein) ist erfüllt!

c)

$$\text{Liquidität}_{\text{1. Grades}} = \frac{\text{flüssige Mittel} \cdot 100}{\text{kurzfristige Verbindlichkeiten}}$$

$$= \frac{50 \cdot 100}{450}$$

= 11,1 %

Kommentar:
Die Situation ist völlig unbefriedigend!

$$\text{Liquidität}_{\text{2. Grades}} = \frac{(\text{fl. Mittel} + \text{kfr. Ford.}) \cdot 100}{\text{kurzfristige Verbindlichkeiten}}$$

$$= \frac{(50 + 350) \cdot 100}{450}$$

= 88,9 %

Kommentar:
Die Liquidität 2. Grades soll 100 % erreichen. Die Forderung ist nicht erfüllt!

$$\text{Liquidität}_{3.\,\text{Grades}} = \frac{(\text{flüssige Mittel} + \text{kurzfristige Forderungen} + \text{Vorräte}) \cdot 100}{\text{kurzfristige Verbindlichkeiten}}$$

$$= \frac{(50 + 350 + 400) \cdot 100}{450}$$

= 177,8 %

Kommentar:
Die Liquidität 3. Grades soll 200 % erreichen. Auch diese Forderung ist nicht erfüllt! Mit anderen Worten: Die Liquiditätslage der Metallbau GmbH ist völlig unbefriedigend!

d) Aus dem Sachverhalt lassen sich folgende Merkmale und Kennzahlen bewerten (Hard- und Softfacts):

Merkmal	**Ausprägung** (1 = sehr gut; 6 = sehr schlecht)
Geschäftsbeziehung	1
Informationspolitik	2
Controlling	3
Kennzahlen der Bilanz:	5
► Verschuldungsgrad	5
► Goldene Bilanzregel I	5
► Goldene Bilanzregel II	3
► Liquidität	6

Auch wenn die Datenbasis für ein umfassendes Unternehmensrating unvollständig ist, lässt sich anhand der vorliegenden Fakten schlussfolgern: Trotz der positiven Geschäftsbeziehung sowie der Informationspolitik gegenüber der Bank ist die Bonität unbefriedigend.

Auswirkungen:

- Eine Erweiterung des Kreditrahmens wird vermutlich für die Metallbau GmbH schwierig oder ggf. unmöglich werden.
- Mit Sicherheit wird eine zukünftige Kreditvergabe zu schlechteren Konditionen erfolgen. Dies kann die Liquiditätssituation der Metallbau GmbH weiter verschlechtern.

e) Empfehlung 1: **Verbesserung der Eigenkapitalbasis**

Mögliche Maßnahmen (sind zu beschreiben):

- Thesaurierung
- Aufnahme neuer Gesellschafter
- Erhöhung des Stammkapitals

Empfehlung 2: **Verbesserung der Liquidität**

Mögliche Maßnahmen (sind zu beschreiben):

- Absenken des Forderungsbestandes (Factoring, Forfaitierung) und Rückführung der kurzfristigen Verbindlichkeiten
- Absenken der Vorräte (z. B. durch verbessertes Logistikkonzept; JiT, ABC-Analyse, Optimierung des Bestellverfahrens)
- Absenken des Anlagevermögen z. B. durch (echtes) Leasing

Lösung zu Aufgabe 2: Finanzierungsregeln (2)

a) Die **vertikale Finanzierungsregel** besagt, dass Fremdkapital (FK) und Eigenkapital (EK) in einem angemessenen Verhältnis stehen sollen.

Im Einzelnen werden genannt:	**1 : 1 -Regel**	FK : EK ≤ 1	Gilt als *erstrebenswert*!
	1 : 2 -Regel	FK : EK ≤ 2	Gilt als *gesund*!
	1 : 3 -Regel	FK : EK ≤ 3	Gilt als *noch zulässig*!

Die **horizontale Finanzierungsregel** besagt, dass Kapitalüberlassungsdauer und Kapitalbindungsdauer sich entsprechen sollen (Goldene Bankregel). Konkret findet sie ihren Niederschlag in den Deckungsgraden I bis III (auch: A bis C).

Goldene Bilanzregel I **Deckungsgrad I**	$\frac{EK}{AV} \cdot 100 \geq 100\,\%$	AV soll zu 100 % durch EK gedeckt sein.
Goldene Bilanzregel II **Deckungsgrad II**	$\frac{EK + langfr.\ FK}{AV} \geq 1$	AV soll zu 100 % langfristig finanziert sein.
Goldene Bilanzregel III **Deckungsgrad III**	$\frac{EK + langfr.\ FK}{AV + langfr.\ UV} \geq 1$	AV + lfr. UV sollen zu 100 % langfristig finanziert sein.
Goldene Finanzierungsregeln auch: Goldene Bankregeln	$\frac{Kurzfr.\ Vermögen}{Kurzfr.\ Kapital} \geq 1$	Mittelbindung und Kapitalverfügbarkeit sollen sich entsprechen.
	$\frac{Langfr.\ Vermögen}{Langfr.\ Kapital} \leq 1$	

b)

Vertikale Finanzregel		Berichtsjahr
1 : 1 Regel: FK : EK ≤ 1	(6,0 + 3,5) : 8,0 = 1,1875	Nicht erfüllt!
1 : 2 Regel: FK : EK ≤ 2	= 1,1875	Erfüllt!

Vertikale Finanzregel		Vorjahr
1 : 1 Regel: FK : EK ≤ 1	(4,5 + 4,5) : 5,5 = 1,6364	Nicht erfüllt!
1 : 2 Regel: FK : EK ≤ 2	= 1,6364	Erfüllt!

Horizontale Finanzregel		Berichtsjahr
Deckungsgrad I: EK : AV ≥ 1	8,0 : 11,5 = 0,6956	Nicht erfüllt!
Deckungsgrad II : (EK + lfr. FK) : AV ≥ 1	(8,0 + 6,0) : 11,5 = 1,2174	Erfüllt!
Deckungsgrad III: (EK + lfr. FK) : (AV + lfr. UV) ≥ 1	(8,0 + 6,0) : (11,5 + 1,5) = 1,0769	Erfüllt!

Horizontale Finanzregel		Vorjahr
Deckungsgrad I: EK : AV ≥ 1	5,5 : 9,5 = 0,5789	Nicht erfüllt!
Deckungsgrad II : (EK + lfr. FK) : AV ≥ 1	(5,5 + 4,5) : 9,5 = 1,0526	Erfüllt!
Deckungsgrad III: (EK + lfr. FK) : (AV + lfr. UV) ≥ 1	(5,5 + 4,5) : (9,5 + 1,5) = 0,9091	Nicht erfüllt!

In der Zusammenfassung:

- Die vertikale Finanzierungsregel ist in der Ausprägung 1 : 2 in beiden Jahren erfüllt.
- Die horizontale Finanzierungsregel ist im Berichtsjahr in der Ausprägung ´Deckungsgrad II und III´ und im Vorjahr in der Ausprägung ´Deckungsgrad II´ erfüllt.

c) Ist die horizontale Finanzierungsregel (Fristenkongruenz) nicht erfüllt, besteht z. B. das Risiko, dass

- Fremdkapitalien zum Zeitpunkt der Fälligkeit nicht zurückgezahlt werden können,
  - bzw. notwendiges Anlagevermögen veräußert werden muss, um die Fremdmittel zu bedienen,
  - bzw. es nicht gelingt, die Laufzeit der Fremdmittel angemessen zu verlängern.

Lösung zu Aufgabe 3: Beurteilung der Strukturbilanz

a) ► Die *Strukturbilanz* ist eine nach bestimmten Gesichtspunkten *aufbereitete Bilanz.* Einzelne Positionen des Jahresabschlusses werden zu geeigneten Größen zusammengefasst und mit aussagefähigen Kennzahlen versehen. Die Ableitung einer Strukturbilanz aus der Ausgangsbilanz unterliegt keiner gesetzlichen Regelung und ist an keine Norm gebunden. Aufbau und Methoden richten sich nach der jeweiligen Zielsetzung (Information der Kreditgeber, der Kunden und Investoren bzw. Darstellung der Vermögensstruktur oder der Liquidität u. Ä.). Im Vordergrund der Zielsetzung steht die Aufdeckung stiller Reserven und die Eliminierung nicht werthaltiger Positionen.

- Bei der *finanzwirtschaftlichen Strukturbilanz* werden die Aktiva und Passiva fristenmäßig geordnet:
  - Die Vermögensseite wird nach *Liquiditätsmerkmalen* und
  - die Kapitalseite nach *Herkunft und Fristigkeit* des Kapitals gruppiert.

  Für die einzelnen Gruppen von Bilanzpositionen werden die prozentualen Verhältnisse zur Bilanzsumme ermittelt, um so eine Vergleichbarkeit zu ermöglichen.

b) Ziele der Finanzwirtschaft:

1. **Liquidität** (= Zahlungsfähigkeit: Zeitpunkt und Höhe):
   Unter Liquidität versteht man die Fähigkeit, zu jeder Zeit den Zahlungsverpflichtungen nachkommen zu können. Je höher die Liquidität, desto sicherer das Unternehmen.

2. **Rentabilität:**
   Die Rentabilität misst die Ergiebigkeit des Kapitaleinsatzes. Die Kennziffer wird gebildet als Verhältniszahl von Gewinn (auch: Ertrag, Return) und Kapitaleinsatz. Die Rentabilität ist eine wichtige Betrachtungsgröße im Rahmen der Investitionsrechnung.

3. **Sicherheit:**
   Das finanzwirtschaftliche Ziel der Sicherheit ist unter mehreren Aspekten zu betrachten:
   - *Für den Kapitalnehmer* bedeutet „Sicherheit", dass
     - die Kapitalverwendung mit möglichst geringen Risiken verbunden ist (→ zukünftige Erträge von Investitionen, Geldwertschwankungen, vorzeitige technologische Überalterung),
     - die Form der Finanzierung mit möglichst geringen Risiken behaftet ist (→ Zinsrisiko, Zuverlässigkeit des Kreditgebers, Laufzeit des Kredites, vorzeitige Kündigung).
   - *Für den Kreditgeber* bedeutet „Sicherheit", dass
     - seine Kapitaleinlage (möglichst) nicht durch Haftungsrisiken bedroht ist (Haftungsausschluss, Kreditsicherheiten, Prüfung der Kreditwürdigkeit),
     - Verzinsung und Tilgung in vereinbarter (erwarteter) Höhe fließen.

4. **Unabhängigkeit (Dispositionsfreiheit)**
   als Ziel der Finanzwirtschaft bedeutet, in der Führung des Unternehmens möglichst frei von Beeinflussungen der Kapitalgeber zu sein. Wachsende Fremdfinanzierung ist in der Regel verbunden mit einer Zunahme der Informationspflichten, der Kontrollen, der Beeinflussung unternehmerischer Entscheidungen sowie der Sicherheitsleistungen.

c) Kennzahlen:

$$\text{Anlagenintensität} = \frac{\text{Anlagevermögen} \cdot 100}{\text{Gesamtvermögen}}$$

$$= \frac{8 \text{ Mio. €} \cdot 100}{17 \text{ Mio. €}}$$

$$= 47{,}1\,\%$$

Die Anlagenintensität ist sehr hoch (rd. 50 % des Anlagevermögens). Ein hohes Anlagevermögen führt tendenziell zu einer Inflexibilität und hohen Fixkosten. Eine unzureichende Auslastung der Kapazitäten hat finanzielle Belastungen zur Folge.

$$\text{Eigenkapitalquote} = \frac{\text{Eigenkapital} \cdot 100}{\text{Gesamtkapital}}$$

$$= \frac{8 \text{ Mio. €} \cdot 100}{17 \text{ Mio. €}}$$

$$= 47{,}1\,\%$$

Die Eigenkapitalquote sollte möglichst hoch sein. Sie beträgt im vorliegenden Fall fast 50 %. Das ist sehr gut.

$$\text{Anlagendeckung 2. Grades} = \frac{(\text{Eigenkapital} + \text{lfr. Fremdkapital}) \cdot 100}{\text{Anlagevermögen}}$$

$$= \frac{(8 \text{ Mio. €} + 6 \text{ Mio. €}) \cdot 100}{8 \text{ Mio. €}}$$

$$= 175\,\%$$

Das Anlagevermögen soll zu 100 % langfristig finanziert sein. Dies ist hier der Fall.

$$\text{Liquidität 1. Grades} = \frac{\text{flüssige Mittel} \cdot 100}{\text{kurzfristiges Fremdkapital}}$$

$$= \frac{2 \text{ Mio. €} \cdot 100}{2 \text{ Mio. €} + 1 \text{ Mio. €}}$$

$$= 66{,}67\,\%$$

Die Liquidität 1. Grades kann unter 100 % liegen. Dies ist hier der Fall.

$$\text{Liquidität 2. Grades} = \frac{(\text{flüssige Mittel} + \text{kfr. Ford.}) \cdot 100}{\text{kurzfristiges Fremdkapital}}$$

$$= \frac{(2 \text{ Mio. €} + 2 \text{ Mio. €}) \cdot 100}{2 \text{ Mio. €} + 1 \text{ Mio. €}}$$

= 133,3 %

Die Liquidität 2. Grades soll 100 % erreichen. Dies ist hier gegeben.

Lösung zu Aufgabe 4: Beurteilung der Liquiditätsgrade

Die Aussagefähigkeit der Kennzahlen (Liquiditätsgrade) ist eingeschränkt; Beispiele:

- Die Höhe der Zahlungseingänge/-ausgänge ist meist recht gut quantifizierbar, nicht jedoch der Zeitpunkt. Dies führt zu Risiken.
- Zahlungsein-/-ausgänge der nächsten Periode sind der Bilanz nicht zu entnehmen.
- Relevante Eckdaten zur Liquidität sind in unterschiedlichen Informationsquellen bzw. zum Teil nicht dokumentiert, z. B.: Bonität der Kunden, Bankenrating, stille Reserven.

Lösung zu Aufgabe 5: Fremdfinanzierung, Vorteile/Nachteile

- **Vorteile:**
  - Verbesserung der Liquidität,
  - kein Einfluss von Gläubigern/Gesellschaftern auf die Unternehmensentscheidungen,
  - Zinsen sind in der Regel steuerlich abzugsfähige Betriebsausgaben.
- **Nachteile:**
  - Zinsverbindlichkeiten sind laufende Verpflichtungen, die auch bei kritischer Ertragslage beglichen werden müssen.
  - Abhängigkeit von Gläubigern wächst mit zunehmender Fremdkapitalaufnahme; beachte Insolvenzordnung: Gläubiger können Insolvenzantrag stellen.
  - Die Fremdkapitalaufnahme bei Banken ist mit Kosten verbunden: Vertragskosten, Stellen von Sicherheiten, ggf. Beurkundung von Pfandrechten.

1.5 Formen der Finanzierung

1.5.1 Innenfinanzierung

Lösung zu Aufgabe 1: Formen der Innenfinanzierung

Innenfinanzierung	
Selbstfinanzierung aus Gewinn	► offene Selbstfinanzierung ► stille Selbstfinanzierung
Finanzierung aus Kapitalfreisetzungen	► Finanzierung aus Abschreibungsgegenwerten ► Vermögensumschichtung ► Erhöhung der Umschlagshäufigkeit ► Rationalisierung ► Sales-and-Lease-back-Verfahren
Finanzierung aus Abschreibungsgegenwerten	► für Ersatzinvestitionen ► Kapazitätserweiterungseffekt *(Lohmann-Ruchti-Effekt)*
Finanzierung aus Gegenwerten langfristiger Rückstellungen	
Finanzierung aus sonstigen Kapitalfreisetzungen	

Bei der Selbstfinanzierung werden Teile des Gewinns nicht ausgeschüttet, sondern zurückbehalten (Gewinnthesaurierung).

- **Offene Selbstfinanzierung:** → Finanzierung aus versteuertem Gewinn

  Der einbehaltene Gewinn wird

  - bei Einzel- und Personengesellschaften dem EK-Konto zugeschrieben
  - bei Kapitalgesellschaften dem Rücklagenkonto gutgeschrieben.

- **Stille Selbstfinanzierung:** → Finanzierung aus unversteuertem Gewinn

  Der tatsächliche Gewinn wird gemindert durch Bildung stiller (verdeckter) Rücklagen:

  - Unterbewertung der Vermögensteile (Aktiva, z. B. hohe AfA, Unterbewertung des Umlaufvermögens)
  - Überwertung der Schulden (Passiva, z. B. hohe Rückstellungen, hohe Rechnungsabgrenzungsposten).

- **Finanzierungseffekt aus der Bildung von Rückstellungen**

  Der Finanzierungseffekt entsteht dadurch, dass in der laufenden Periode ein bilanzieller Aufwand gebucht wird, der erst in den Folgeperioden aufgelöst wird.

  In der Praxis sind kurzfristige Rückstellungen als Finanzierungsinstrument von geringerer Bedeutung. Interessant sind im Wesentlichen Pensionsrückstellungen: Sind Zuführungen und Auszahlungen annähernd gleich, steht dem Unternehmen ein „Sockelbetrag“ für Zwecke der Innenfinanzierung auf Dauer zur Verfügung. Außerdem mindern Pensionsrückstellungen in der Einführungsphase die Ertragssteuer.

- **Finanzierung aus Abschreibungsgegenwerten**

  Abschreibungen sind der Aufwand für Wertminderungen bei materiellen und immateriellen Gegenständen. Das Unternehmen kalkuliert diese Abschreibungen bei der Gestaltung seiner Angebotspreise mit ein. Beim Verkauf der Produkte und Leistungen erhält das Unternehmen Einzahlungen (Abschreibungsrückflüsse), die zu Finanzierungszwecken verwendet werden können.

  Man unterscheidet zwei mögliche *Effekte*:

  - Effekt der Kapitalfreisetzung
  - Effekt der Kapazitätserweiterung.

Finanzierungsformen aus sonstigen Kapitalfreisetzungen	
Finanzierungsform	**Beschreibung, Beispiele**
Finanzierung durch **Rationalisierungsmaßnahmen**	Optimierung der logistischen Prozesse (JiT, Kanban) → Verminderung der Lagerbestände, Reduzierung des Umlaufkapitalbedarfs
	Verbesserung des Forderungsmanagements → Reduzierung der durchschnittlichen Außenstandsdauer
Finanzierung durch **Vermögensumschichtung** auch: Substitutionsfinanzierung	Verkauf von nicht (mehr) benötigten Vermögensgegenständen, z. B.: ► Grundstücke ► Anlagen ► Vorräte ► Wertpapiere
Sale-and-Lease-back-Verfahren	Das Unternehmen verkauft betriebsnotwendige Vermögensstände (in der Regel Anlagen) an eine Leasinggesellschaft und least diese Gegenstände zurück (Desinvestition + Leasing).
	Vorteile: Kapitalfreisetzung durch Verkauf; Verbesserung der aktuellen Liquiditätslage.
	Risiken: Längerfristige Bindung an die Leasinggesellschaft; Belastung der Liquidität durch laufende Leasingraten; ggf. Auflösung stiller Reserven (→ Buchwert/Verkaufspreis); Veränderung der Bilanzstruktur (→ Rating).

Lösung zu Aufgabe 2: Innenfinanzierung

a)

	Kapitalbedarf	1.400.000 €
-	langfristiges Bankdarlehen	600.000 €
=	**Finanzierungslücke**	**800.000 €**

Möglichkeiten zur Deckung der Finanzierungslücke im Wege der Innenfinanzierung:

1.	**Verwendung eines Teils des Jahresüberschusses**		*Finanzmittelfreisetzung:*
	Jahresüberschuss	150.000 €	
-	Gewinnausschüttung	80.000 €	
=	**Selbstfinanzierung**	70.000 €	→ 70.000 €

2.	Verkauf der Altanlagen		
	Umfinanzierung	40.000 €	→ 40.000 €

3.	Finanzierung aus Rückstellungsgegenwerten		
	Innen-/Fremdfinanzierung 80 % von 110.000 €	88.000 €	→ 88.000 €

4.	Verkauf der Wertpapiere		
	Umfinanzierung (Veräußerungskosten werden hier vernachlässigt)	70.000 €	→ 70.000 €

5.	Verkauf der Forderungen an einen Factor		
	Umfinanzierung 50 % der Forderungen (Factoringkosten bleiben hier außer Ansatz)	550.000 €	→ 550.000 €
	Summe Kapitalfreisetzung, mindestens		*818.000 €*

Die Möglichkeiten der Kapitalfreisetzung sind ausreichend, um die Finanzierungslücke zu decken.

b) Verringerung der Kapitalbindung durch Erhöhung der Lagerumschlagshäufigkeit (Rohstoffe):

$$\text{Lagerumschlagshäufigkeit} = \frac{\text{Ø Wareneinsatz}}{\text{Ø Lagerbestand}}$$

$$= \frac{1.800.000}{600.000}$$

$$= 3$$

Eine Erhöhung der Lagerumschlagshäufigkeit um 50 % führt bei gleich bleibendem Wareneinsatz zu einer Verminderung des Ø Lagerbestandes um 200 Tsd. €.

$$\text{Lagerumschlagshäufigkeit} = \frac{1.800.000}{x} = 4{,}5$$

→ Ø Lagerbestand = 400.000 €

→ Kapitalfreisetzung = 200.000 €

c) Maßnahmen zur Verbesserung der Lagerumschlagshäufigkeit, z. B.:

- Reduzierung des Sicherheitsbestandes im Lager,
- Anlieferung und Fertigung Just-in-Time,
- Kauf auf Abruf.

d) Eine Umfinanzierung kann sinnvoll sein, wenn die Konditionen der neu aufgenommenen Darlehen für den Kreditnehmer günstiger sind als die der bisherigen Verträge. Dies gilt zum einen für Zinskonditionen. Aber auch die Höhe der Kreditraten wird häufig mittels Umfinanzierung beeinflusst.

Arten der Umfinanzierung können sein:

- **Prolongation:** eine bestehende Finanzierung wird verlängert
- **Substitution:** eine bestehende Finanzierung wird durch eine andere ersetzt
- **Transformation:** eine bestehende Finanzierung wird in eine andere umgewandelt.

e) **Sicherungsübereignung:** Gesetzlich nicht geregelter, aber in der Praxis entwickelter und in der Rechtsprechung anerkannter Vertrag, durch den der Schuldner dem Gläubiger zur Sicherung einer Schuld das Eigentum an einer beweglichen Sache oder an einer Sachgesamtheit (z. B. Warenlager) mittels Besitzkonstituts überträgt mit der Verpflichtung zur Rückübertragung, sobald die Schuld getilgt ist, oder mit der Vereinbarung, dass das Eigentum nach Erfüllung der Schuld von selbst an den Schuldner zurückfällt. Die S. ist ein treuhänderisches Rechtsverhältnis (Treuhandschaft); der Treuhänder, in diesem Fall der Gläubiger, hat Dritten gegenüber die volle Rechtsstellung des Eigentümers, darf jedoch von dieser im Innenverhältnis zum Schuldner nur im Rahmen der getroffenen Vereinbarungen Gebrauch machen.

f)
- **Grundschuld:** Pfandrecht an einem Grundstück, bei dem nur das Grundstück haftet (dingliche Sicherung); *das Bestehen einer Forderung ist nicht notwendig*.
- Die **Hypothek** ist die Belastung eines Grundstücks, durch die der Kreditgeber berechtigt ist, sich wegen einer bestimmten Forderung aus dem Grundstück zu befriedigen. *Die Hypothek ist an den Bestand einer Forderung gebunden* (Akzessorietät der Hypothek).

g) Im Fall der (selbstschuldnerischen) Bürgschaft besteht für die Hausbank die Notwendigkeit, die Bonität der PULS AG zu prüfen (zusätzlicher Aufwand). Außerdem kann wegen der engen Zusammenarbeit und der Zugehörigkeit zur gleichen Branche eine Risikokorrelation sowie ein Klumpenrisiko (auch: Konzentrationsrisiko) bestehen.

h)

25 % sofort:	200.000 €/12 Monate/11,5 %	→	Zinsen	23.000 €
50 % nach halber Bauzeit:	400.000 €/ 6 Monate/11,5 %	→	Zinsen	23.000 €
Der Kalkulationsnachteil beträgt insgesamt:				46.000 €

Lösung zu Aufgabe 3: Kapitalfreisetzung, Kapazitätserweiterung

a) AK = 60.000 €, AfA p. a. = 20.000 €; n = 3 Jahre; Erstinvestition: 10 Stück

Periode	Anlagenbestand zu Beginn des Jahres (Stück)	Gesamt-AfA p. a. €	Neu-/Reinvestition (Stück)	Anlagenabgänge (Stück)	freie, liquide Mittel €
1	10	200.000	3	0	20.000[1]
2	13	260.000	4	0	40.000
3	17	340.000	6	10	20.000
4	13	260.000	4	3	40.000
5	14	280.000	5	4	20.000
6	15[2]	300.000	5	6	20.000
7	14	280.000	5	4	0

b) **Kapitalfreisetzungseffekt:**

Über den Verkaufspreis erhält das Unternehmen Abschreibungsgegenwerte, die bis zur Reinvestition der Anlage(n) für Zwecke der Finanzierung zur Verfügung stehen (z. B. Schulden tilgen, Geldanlage, Investitionszwecke).

Voraussetzungen, z. B.:

- Die Abschreibungen werden „verdient", d. h. die Preiskalkulation erfolgt nach dem Vollkostenprinzip.
- Die Abschreibungsgegenwerte stehen dem Unternehmen als liquide Mittel zur Verfügung.

Kapazitätserweiterungseffekt *(Lohmann-Ruchti-Effekt):*

Die zurückfließenden Abschreibungsgegenwerte werden sofort für Re- und Neuinvestitionen gleichwertiger Anlagen verwendet. Über mehrere Jahre ergibt sich unter bestimmten Voraussetzungen eine Erweiterung der Anlagenkapazität.

Voraussetzungen, z. B.:

- siehe Kapitalfreisetzungseffekt
- Konstanz der Preise
- Gleichwertigkeit der Anlagen (kein technischer Fortschritt)
- die als linear unterstellte Abschreibung entspricht der tatsächlichen Abnutzung.

---

[1] Hinweis zur Berechnung: 200.000 (AfA) - 180.000 AW (= 3 • 60.000)

[2] Kontrolle mit dem Kapazitätserweiterungsfaktor:

$2 \cdot \frac{n}{n+1}$ = 3 : 4 • 2 = 1,5; 10 (= ursprünglicher Anlagenbestand) • 1,5 = 15

c) Das Argument ist zutreffend: Eine Kapazitätserweiterung ist im Regelfall bei Vollauslastung der Anlagen mit einem Anstieg des Umlaufvermögens verbunden (Vorräte, Forderungen), sodass zwar eine gewisse Kapazitätserweiterung möglich ist, aber nicht in dem Maße, wie es allgemein in den Modellrechnungen hergeleitet wird. Ebenso ist die Annahme, dass die Anlagegüter gleichartig seien, bei den heute z. T. sehr kurzen Produktzyklen praxisfern.

Lösung zu Aufgabe 4: Innenfinanzierung, Cashflow

	Nettoerlöse	10,00
-	Materialkosten	4,00
-	Personalkosten	3,00
-	Steuern	0,75
=	Cashflow	2,25

$$\text{Investitionsfähigkeit (in \%)} = \frac{\text{Cashflow} \cdot 100}{\sum \text{Nettoinvestitionen (in €)}}$$

$= 2{,}25 \cdot 100 : 4{,}5$
$= 50\ \%$

1.5.2 Beteiligungsfinanzierung

Lösung zu Aufgabe 1: Ordentliche Kapitalerhöhung der Aktiengesellschaft, Bezugsrecht, Mittelkurs, Veränderung der Bilanz

a) Gezeichnetes Kapital : Nennwert/Stück = 20.000.000 : 50
= 400.000 Stück

Kapitalerhöhung : Nennwert/Stück = 5.000.000 : 50
= 100.000 Stück

Bezugsverhältnis = 400.000 Aktien_{alt} : 100.000 Aktien_{neu}
= 4 : 1

b) $$\text{Bezugsrechtwert} = \frac{150\ € - 115\ €}{\frac{4}{1} + 1} = 7\ €$$

c) Nach der Kapitalerhöhung bildet sich ein Mittelkurs, der unter dem Kurs der alten Aktien und über dem Emissionskurs der neuen Aktien liegt. Durch den Bezugsrechtshandel wird also für Altaktionäre der Kursverlust ausgeglichen, während Neuaktionäre den Kursgewinn (Mittelkurs - Emissionskurs) bezahlen müssen.

Weiterhin wird durch das Bezugsrecht vermieden, dass sich die Stimmrechtsverhältnisse verschieben.

d) $$\text{Mittelkurs} = \frac{400.000 \text{ Stück} \cdot 150\ € + 100.000 \text{ Stück} \cdot 115\ €}{400.000 \text{ Stück}_{alt} + 100.000 \text{ Stück}_{neu}} = 143\ €/\text{Stück}$$

e)

	vor der Kapitalerhöhung	Kapitalerhöhung	nach der Kapitalerhöhung
Grundkapital	20.000.000 €	50 € • 100.000 Stk. = 5.000.000 €	25.000.000 €
Kapital-rücklage	500.000 €	(115 € - 50 €) • 100.000 Stk. = 6.500.000	7.000.000 €

f)

AKTIVA		Bilanz vor der Kapitalerhöhung in Tsd. €	PASSIVA
Anlagevermögen	18.500	Gezeichnetes Kapital	25.000
Geldkonten[1]	11.500	Kapitalrücklage	7.000
Emissionsaufwand	300	Gewinnrücklage	800
Übrige Aktiva	12.500	Übrige Passiva	10.000
	42.800		42.800

Lösung zu Aufgabe 2: OHG, Gewinnverteilung

a) Haftung der Gesellschafter: Unbeschränkt und solidarisch.

b) Möglichkeiten der Beteiligungsfinanzierung:

- durch Erhöhung der Kapitaleinlagen oder
- durch die Aufnahme neuer Gesellschafter

c) Gewinnverteilung:

Gesellschafter	Kapitaleinsatz	davon 4 %	Rest nach Köpfen[2]	Gewinn, gesamt[2]
A	80.000	3.200	77.733	80.933
B	90.000	3.600	77.733	81.333
C	250.000	10.000	77.733	87.733
Σ	420.000	16.800	233.199	250.000

Nebenrechnung: 250.000 - 16.800 = 233.200; 233.200 : 3 = 77.733,33

[1] Bestand vor der Erhöhung + Liquiditätszufluss - Emissionsaufwand = 300 Tsd. € + 11.500 Tsd. € - 300 Tsd. € = 11.500 Tsd. €

[2] Angaben gerundet

Lösung zu Aufgabe 3: Gründungsbilanz einer AG

a)

AKTIVA	Gründungsbilanz		PASSIVA
	Euro		Euro
Vermögen	2.350.000	Grundkapital	2.000.000
		Kapitalrücklage	200.000
		Gründungskosten	150.000
	2.350.000		2.350.000

b)

AKTIVA	Gründungsbilanz		PASSIVA
	Euro		Euro
Noch ausstehende Einlagen	1.500.000	Grundkapital	2.000.000
Vermögen	850.000	Kapitalrücklage	200.000
		Gründungskosten	150.000
	2.350.000		2.350.000

c) Dies ist nur möglich, wenn Namensaktien ausgegeben werden.

Lösung zu Aufgabe 4: Gewinnverteilung einer AG

		Tsd. €
	Vorläufiger Jahresüberschuss	80.000
-	Vorstandstantieme	10.000
-	Aufsichtsratstantieme	10.000
=	**Jahresüberschuss**	**60.000**
+	Gewinnvortrag	6.000
-	Einstellung in die gesetzliche Rücklage (5 % aus 60.000 €)	3.000
-	Einstellung in die freie Rücklage (20 % aus (60.000 - 3.000))	11.400
=	**Bilanzgewinn**	**51.600**
-	Dividende 10 %	50.000
=	**Gewinnvortrag**	**1.600**

1.5.3 Fremdfinanzierung und Kreditsicherung

Lösung zu Aufgabe 1: Finanzierung durch Darlehen und Leasing (Vergleich)

Darlehen 1	**Tilgungsplan für Abzahlungsdarlehen mit fallender Annuität**[1]			
Jahr	*Tilgung*[2]	*Zins*	*Annuität*	*Restschuld*
0				400.000,00
1	50.000,00	38.000,00	88.000,00	350.000,00
2	50.000,00	33.250,00	83.250,00	300.000,00
3	50.000,00	28.500,00	78.500,00	250.000,00
4	50.000,00	23.750,00	73.750,00	200.000,00
5	50.000,00	19.000,00	69.000,00	150.000,00
6	50.000,00	14.250,00	64.250,00	100.000,00
7	50.000,00	9.500,00	59.500,00	50.000,00
8	50.000,00	4.750,00	54.750,00	0,00
∑	**400.000,00**	**171.000,00**	**571.000,00**	-

Darlehen 2	**Tilgungsplan für Abzahlungsdarlehen mit gleichbleibender Annuität**[3]			
Jahr	*Tilgung*	*Zins*	*Annuität*[4]	*Restschuld*
0				400.000,00
1	35.618,24	38.000,00	73.618,24	364.381,76
2	39.001,98	34.616,27	73.618,24	325.379,78
3	42.707,16	30.911,08	73.618,24	282.672,62
4	46.764,34	26.853,90	73.618,24	235.908,28
5	51.206,96	22.411,29	73.618,24	184.701,32
6	56.071,62	17.546,62	73.618,24	128.629,70
7	61.398,42	12.219,82	73.618,24	67.231,28
8	67.231,28	6.386,97	73.618,24	0,00
∑	**400.000,00**	**188.945,95**	**588.945,92**	-

[1] Angaben in €; Annuität = Zins + Tilgung; auch: Tilgungsdarlehen (Annuität fallend)

[2] Acht gleichbleibende Raten am Schluss des Kalenderjahres: 400.000 € : 8 = 50.000 €

[3] Angaben in €; Annuität = Zins + Tilgung; auch: Annuitätendarlehen (Annuität gleichbleibend)

[4] jährlich gleichbleibend: 73.618,24 €

Gesamtausgaben • Leasing[1]			
Jahr	*Leasingrate*[2]	*Sonderzahlung*	*Gesamtausgaben*
1	62.000	10.000	72.000
2	62.000		62.000
3	62.000		62.000
4	62.000		62.000
5	62.000		62.000
6	62.000		62.000
7	62.000		62.000
8	62.000	90.000	152.000
Σ	**496.000**	**100.000**	**596.000**

Am Ende des achten Jahres befindet sich die Anlage bei allen drei Finanzierungsarten im Eigentum der Metallbau GmbH und kann für weitere zwei Jahre betrieblich genutzt werden. Im Vergleich entstehen folgende Gesamtausgaben:

Darlehen 1	**Darlehen 2**	**Leasing**
571.000,00 €	588.945,95 €	596.000,00 €

Die Metallbau GmbH sollte sich für Darlehen 1 entscheiden (Tilgungsdarlehen mit gleichbleibender Tilgungsrate/fallender Annuität). Es ist die Finanzierungsform mit den vergleichsweise geringsten Gesamtausgaben.

[1] Angaben in €

[2] 15,5 % p. a. von 400.000 € = 62.000 €

Lösung zu Aufgabe 2: Leasing, Barkauf und Kreditkauf (Vor- und Nachteile)

	Vorteile	Nachteile
Leasing	► geringes Investitionsrisiko ► geringere Belastung der Liquidität bzw. Mittel können anderweitig eingesetzt werden ► geringere Kapitalbindungskosten ► kalkulierbare Betriebsausgaben ► technisch aktuelles Produkt ► keine oder geringe Wartungskosten ► Leasingraten sind Betriebsausgaben und mindern das Betriebsergebnis ► keine Rücklagenbildung für Ersatzbeschaffung erforderlich	► Bindung an den Leasingvertrag ► keine Möglichkeit der Ausgabengestaltung – z. B. bei einer Verschlechterung der Ertragssituation ► relativ hohe Kosten ► geringerer Cashflow wegen fehlender Abschreibungsgegenwerte ► keine Möglichkeit der Abschreibung bzw. Wahl der Abschreibungsart
Barkauf mit Eigenkapital	► Ausnutzung von Barzahlungsrabatt ► keine weiteren Kosten, z. B. Zinsen, Bearbeitungsgebühren ► Gegenstand wird Eigentum: Möglichkeit der Abschreibung bzw. Wahl der Abschreibungsart (AfA mindert den Gewinn bzw. den Steueraufwand)	► hohe Kapitalbindung ► Verlust von Zinserträgen für die gebundenen Mittel ► Verschlechterung der Liquidität ► Investitionsrisiko, z. B. vorzeitige Überalterung
Kreditkauf mit Rückzahlung während der Laufzeit	► Bei Finanzierung über die Hausbank: Ausnutzung von Barzahlungsrabatt ► Gegenstand wird Eigentum: Möglichkeit der Abschreibung bzw. Wahl der Abschreibungsart (AfA mindert den Gewinn bzw. den Steueraufwand); Zinsaufwand ist steuerlich absetzbar.	► Investitionsrisiko, z. B. vorzeitige Überalterung ► Kreditwürdigkeit verschlechtert sich ► Risiko, wenn Kreditlaufzeit und Nutzungsdauer unterschiedlich sind ► Zinsbelastung

Lösung zu Aufgabe 3: Effektivverzinsung

a) Die anfängliche, effektive Jahresverzinsung r ergibt sich nach der Näherungsformel, indem der Nominalzins zuzüglich des Disagioanteils pro Jahr (auch: Damnumanteil) dem Auszahlungskurs gegenübergestellt wird.

$$r = \frac{p + \frac{RK - AK}{n}}{AK} \cdot 100$$

p = Zinssatz in % p. a.
n = Laufzeit des Darlehens in Jahren
RK = Rückzahlungskurs
AK = Auszahlungskurs

$$r = \frac{7 + \frac{100 - 95}{10}}{95} \cdot 100$$

= 7,8947 %

Finanzmathematisch lässt sich die Effektivverzinsung genauer mithilfe des Restwertverteilungsfaktors (RVF; vgl. Tabellenwerke) berechnen; für n = 10 und p = 7 % ergibt sich ein RVF von 0,072378.

$$r = \frac{p + (RK - AK) \cdot RVF}{AK} \cdot 100$$

$$r = \frac{7 + (100 - 95) \cdot 0{,}072378}{95} \cdot 100$$

= 7,7494 %

b) Nach der Näherungsformel ergibt sich:

$$r = \frac{7 + \frac{100 - 94}{10}}{94} \cdot 100$$

= 8,0851 %

Finanzmathematisch ergibt sich:

$$r = \frac{7 + (100 - 94) \cdot 0{,}072378}{94} \cdot 100$$

= 7,9088 %

c) Bei unterjähriger Zinszahlung (hier: halbjährlich) steigt die Effektivverzinsung, da die Zinsen früher zu bezahlen sind. Die Berechnung erfolgt mit der Formel:

$$r = [(1 + \frac{i}{m})^m - 1] \cdot 100$$

m = Anzahl der unterjährigen Zinszahlungen
i = p : 100

Dabei wird der Effektivzins aus b) nach der finanzmathematischen Methode zu Grunde gelegt:

$$r = [(1 + \frac{0{,}079088}{2})^2 - 1] \cdot 100$$

$= 8{,}0652\ \%$

Lösung zu Aufgabe 4: Lieferantenkredit, Skonto

a)

	Eingangsrechnung	45.000 €
-	3 % Skonto, 10 Tage	1.350 €
=	Zahlungsbetrag	43.650 €

$$\text{Kontokorrentkredit} = \frac{43.650 \cdot 14 \cdot 20}{100 \cdot 360} = 339{,}50\ €$$

Skontovorteil = Skontobetrag - Kontokorrentzinsen
= 1.350,00 - 339,50
= 1.010,50 €

b)

$$\text{Zinstage} = \frac{1.350 \cdot 100 \cdot 360}{43.650 \cdot 14}$$

= 79,5 Tage

Nach rd. 80 Tagen wäre der Skontovorteil durch den Kontokorrentkredit aufgebraucht.

c) **Lieferantenkredit, aus der Sicht des Lieferanten:**

- Vorteile, z. B.:
  - Anreiz für den Käufer zum Abschluss des Kaufvertrages
  - Verbesserung der Liquidität, wenn der Kunde Skonto in Anspruch nimmt
  - ggf. Kundenbindung.
- Nachteile, z. B.:
  - ist eine sehr teure Form der kurzfristigen Kreditgewährung
  - ggf. Ausfallrisiko.

Lieferantenkredit, aus der Sicht des Kunden:

- Vorteile, z. B.:
  - Kreditgewährung ohne Aufwand, Formalitäten und direkte Sicherheiten
  - psychologischer Vorteil: der Kredit wird nicht „bewusst“ in Anspruch genommen.
- Nachteile, z. B.:
  - Kredit ist kurzfristig und auf den Rechnungsbetrag begrenzt
  - schafft ggf. Abhängigkeit vom Lieferanten
  - ist eine sehr teure Form der kurzfristigen Fremdfinanzierung.

d) ▸ Der Vorteil der Skontogewährung (Jahreszins) ist nicht bekannt.
▸ Wegen mangelnder Liquidität kann die Skontogewährung nicht genutzt werden.
▸ Wegen mangelhafter Organisation der Buchhaltung werden die Skontofristen nicht beachtet bzw. die Liquiditätslage ist nicht bekannt.

Lösung zu Aufgabe 5: Zinsnachteil, Bankgarantie, Skonto

a)

	Kontokorrentzinsen:
150.000/Laufzeit 12 Monate/11,5 %	17.250 €
100.000/Laufzeit 6 Monate/11,5 %	5.750 €

Die Bau GmbH erleidet einen finanziellen Nachteil von 23.000 €. Alternativ könnte sie versuchen den Preis für die Bauleistungen um diese Summe zu erhöhen.

b) Bankgarantie: Die Sparkasse verpflichtet sich mit der Stellung einer Garantie der Metallbau GmbH gegenüber, für einen bestimmten zukünftigen Erfolg einzustehen oder die Gewähr für einen künftigen – noch nicht entstandenen – Schaden zu übernehmen. Die Garantie ist unabhängig vom Entstehen und Fortbestehen der zu sichernden Forderung. Die Garantie ist abstrakt (fiduziarisch). In diesem Fall kommt eine Gewährleistungsgarantie in Betracht.

Lösung zu Aufgabe 6: Factoring***

a) Kapitalfreisetzungsbetrag = 85 % von 1.800.000 € = 1.530.000 €

b) Factorkosten:

	Dienstleistungsgebühr	2,0 % von 18.000.000 €	360.000 €
+	Delkrederegebühr	1,0 % von 18.000.000 €	180.000 €
+	Finanzierungskosten	10 % von 1.530.000 € (Ø Inanspruchnahme - Sperrbetrag)	153.000 €
=	Factorkosten		693.000 €

c) Strukturbilanz nach Durchführung des Forderungsverkaufs an den Factor:

AKTIVA	**Bilanz zum 31.12.20.. in Tsd. €**		**PASSIVA**
Anlagevermögen	2.800	Eigenkapital	2.300
Vorräte	1.500	Langfristiges Fremdkapital	1.220
Forderungen aus LL	0	Verbindlichkeiten aus LL	0
Forderungen an den Factor[1]	270	Bankverbindlichkeiten mittelfristig	950
Flüssige Mittel	20	Bankverbindlichkeiten kurzfristig	120
	4.590		4.590

[1] Sperrbetrag: 15 % von 1.800 Tsd. €

Hinweis: Der durch das Factoring frei werdende Kapitalbetrag ist im vorliegenden Fall in der Reihenfolge zu verwenden:

- Verbindlichkeiten aus LL (bekanntermaßen ist der Lieferantenkredit ein teurer Kredit) — 600 Tsd. €
- Rest (1.530 - 600) zur teilweisen Rückführung der kurzfristigen Bankverbindlichkeiten — 930 Tsd. €

d)

$$\text{Eigenkapitalquote (EK-Quote)} = \frac{\text{Eigenkapital}}{\text{Gesamtkapital}} \cdot 100$$

vor Factoring:	2.300 : 6.120 • 100	=	37,58 %
nach Factoring;	2.300 : 4.590 • 100	=	50,11 %

Factoring verkürzt die Bilanzsumme, wenn die Mittel zur Begleichung der Lieferantenrechnungen eingesetzt werden und verbessert die Eigenkapitalquote.

Im vorliegenden Fall: Die 1 : 1-Regel (FK : EK ≤ 1) ist nach Factoring erreicht (hier: FK : EK ≈ 1,0). Diese Relation gilt aus Sicht der Kreditinstitute als erstrebenswert und verbessert somit das Rating.

e) Sperrbetrag:

In der Praxis zahlt der Factor zwischen 80 und 90 % der Forderungssumme sofort bei Vorlage der Rechnung aus. Der Rest dient als Sicherheit für Reklamationen der Kunden u. Ä. Er wird gutgeschrieben, sobald die Kunden an den Factor gezahlt haben.

f)

Checkliste Factoring

Die nachfolgenden Einsparungen/Verbesserungen stehen in der Regel den Factoringkosten gegenüber:

- Reduzierung der Personalkosten (Debitoren, Inkasso) inkl. Sozialabgaben
- weniger Büromaterial, Korrespondenz, Porto
- Mahnwesen, Auskünfte, Bonitätsprüfung der Kunden entfällt
- keine Gerichts- und Anwaltskosten
- keine Forderungsausfälle
- keine Forderungsausfallversicherung
- Reduzierung der Raumkosten
- Verbesserung der Liquidität
- Verbesserung des Rating
- Senkung der Kosten für kurzfristige Fremdfinanzierung (Kontokorrentzins im Vergleich zu den Finanzierungskosten des Factors; außerdem: in der Regel zahlen die Kunden an den Factor frühzeitiger als an das eigene Unternehmen)
- Vorteile der Skontierung bei Lieferantenrechnungen

Lösung zu Aufgabe 7: Einzelaufgaben zur Kreditsicherung

a)

	Eigentumsvorbehalt	Zession	Akkreditiv	Sicherungsübereignung	Lombardkredit	Hypothek	Grundschuld
Unbebaute Grundstücke						x	x
Bebaute Grundstücke						x	x
Finanzanlagen (Wertpapiere)					x		
Betriebs- und Geschäftsausstattung				x			
Fuhrpark				x			
Warenbestand				x	(x)		
Forderungen	(x)	x					

b) Die Formulierung „Die Ware bleibt bis zur vollständigen Bezahlung unser Eigentum" ist die Kurzfassung des § 449 BGB. Sie berechtigt den Lieferer, die Ware zurückzuverlangen, wenn der Kunde mit der Zahlung in Verzug gerät. Beim zweiseitigen Handelskauf kann die Ware in der Regel nicht mehr herausgegeben werden, weil sie vom Kunden längst weiterverkauft worden ist. Das ist ja auch naheliegend, weil der Kunde durch den Verkauf Einnahmen erzielt, mit denen er fällige Ausgaben tätigt.

c) Der Lieferer weiß bereits, bevor er die Ware versendet, dass eine Zahlung erfolgen wird. Die Akkreditivbank (= Bank des importierenden Kunden), die den Letter of Credit verfasst, hat dem exportierenden Lieferer über dessen Bank avisiert, dass sie gegen Vorlage bestimmter Dokumente die Zahlung leisten wird. Sobald der Lieferer diese Mitteilung bekommen hat, kann er den Versand der Ware veranlassen und findet zugleich das Annahmerisiko ausgeschaltet, weil der Kunde bestimmt nicht die Annahme der Lieferung ablehnen wird, wenn seine Bank die Zahlung bereits zugesichert hat.

d) Als Realkredite werden diejenigen Kredite bezeichnet, die durch reale Werte dinglich abgesichert sind. Realien in diesem Sinne sind die Sachgegenstände des Anlage- und des Umlaufvermögens. Bleibt die Tilgung des Kredits aus, werden die Realien zu Geld gemacht, sodass der Kreditgeber (möglichst) keine Forderungsausfälle hat.

e) Der Kreditnehmer muss diejenigen Aktiva finden, die das Unternehmen nicht braucht und die deshalb als Pfand weggegeben werden können. Er darf also keine betriebsnotwendigen Gegenstände verpfänden. Wenn der Kreditnehmer aber Gegenstände verpfändet, die nicht betriebsnotwendig sind, hätte er sie genauso gut verkaufen können.

Der Kreditgeber steht vor dem Problem, die als Pfand erhaltenen Gegenstände verwahren und vor Wertminderung bewahren zu müssen.

Lösung zu Aufgabe 8: Möglichkeiten der Kreditsicherung

a) und b)

Aktiva	Bilanzwerte in €	Beleihungssatz	Sicherheiten (Wert in €)	davon in Anspruch genommen (in €)	verbleibende Sicherheit (Wert in €)
Grundstücke	150.000	60 %	450.000	350.000	100.000
Gebäude	600.000				
Maschinen	250.000	50 %	125.000	0	125.000
Fuhrpark	120.000		60.000	60.000	0
Betriebs- und Geschäftsausstattung	80.000	40 %	32.000	0	32.000
Vorräte	100.000	50 %	50.000	0	50.000
Forderungen	80.000		40.000	40.000	0
Wertpapiere	40.000		20.000	0	20.000
Bank, Kasse	80.000	100 %	80.000	0	80.000
					407.000

Rein rechnerisch steht dem Unternehmen ein Volumen von 407.000 € zur Verfügung, das der Bank bei einem weiteren Engagement als Sicherheit angeboten werden kann.

c)
- Zession: Abtretung von Forderungen
- Globalzession: Abtretung aller bestehenden und zukünftigen Forderungen
- Stille Zession: Dem Drittschuldner ist die Zession nicht bekannt; er zahlt weiterhin an den Gläubiger (= Kreditnehmer).
  - **Vorteil** der stillen Zession für den Kreditnehmer (Zedenten):
    Die Drittschuldner erlangen keine Kenntnis von der Zession; dadurch wird vermieden, z. B. Beeinträchtigung des Ansehens in der Öffentlichkeit bzw. der Kreditwürdigkeit bei Kunden und Lieferanten.
  - **Nachteil** der stillen Zession für die Bank (Zessionar), z. B.:
    - Risiko: Die abgetretenen Forderungen können mit Rechten Dritter belastet (z. B. Mehrfachzession) oder nicht durchsetzbar sein.
    - Risiko: Der Drittschuldner leistet weiterhin an den Zedenten.

Lösung zu Aufgabe 9: Sicherungsübereignung

- **Sicherungsübereignung:**
  Der Schuldner übereignet eine bewegliche Sache an den Gläubiger, bleibt aber Besitzer, er kann also mit der Maschinenanlage arbeiten. Die Bank kann als Eigentümerin bei Zahlungsunfähigkeit des Schuldners die Maschine herausverlangen und sich daraus befriedigen.

Sicherungsübereignung		
Gläubiger	Forderung →	**Schuldner**
wird (Treuhand-) Eigentümer der Sache	← Eigentumsübertragung	bleibt Besitzer und Nutzungsberechtigter der Sache
	← Vereinbarung des → Besitzkonstituts	

- **Pfandrecht:**
  Hier ist die Besitzübergabe erforderlich, das Eigentum bleibt beim Schuldner. Im vorliegenden Fall liegt dies nicht im beiderseitigen Interesse.

Lösung zu Aufgabe 10: Mittelfristiges Darlehen, Kontokorrentkredit, Rating, Maßnahmen zur Liquiditätsverbesserung

a) **Vorteile eines Darlehens** (Vergleich zu Kontokorrentkredit):

- Zins ist geringer
- Zins kann fest vereinbart werden.

Nachteile eines Darlehens:

- festgelegte Höhe, festgelegte Rückzahlung
- keine flexible Inanspruchnahme möglich.

b) Der Kapitalzusatzbedarf wird nur kurzfristig benötigt. Daher sollte das Handelshaus den Kontokorrentkredit wählen. Unterstellt man für drei Monate eine komplette Inanspruchnahme des Kontokorrents, so ergeben sich Kreditzinsen in Höhe von rd. 1.562,50 € (ohne Kontoführungsgebühr, Überziehungsprovision). Unterstellt man beim Darlehen die Möglichkeit einer vorzeitigen Ablösung (z. B. bei variabler Verzinsung) so ergeben sich ähnlich hohe Kreditkosten (937,50 + 600,00). Die Bearbeitungsgebühr ist überproportional hoch. Im Ergebnis: Kontokorrentkredit, kein Darlehensvertrag.

c) **Verbesserung der Einnahmenseite**, z. B.:

- Absatz nur gegen Barzahlung
- forcierte Eintreibung fälliger Forderungen
- Verkauf von Forderungen durch Factoring.

Entlastung der Ausgabenseite, z. B.:

- Verschiebungen von Anschaffungen
- Leasing statt Kauf
- Reduzierung der Privatentnahmen.

d) Rating ist die Einschätzung der Zahlungsfähigkeit eines Schuldners bei der Kreditvergabe. Das Rating erfolgt in der Regel durch die Bank (Bankenrating; auch: internes Rating) oder ggf. durch Ratingagenturen (externes Rating). Durch die Aufnahme von zusätzlichem Fremdkapital verschlechtert sich das Rating eines Unternehmens (wenn sonst alle andere Bedingungen konstant bleiben).

1.5.4 Mezzanine Finanzierungsformen

Lösung zu Aufgabe 1: Mezzanine-Kapital, Begriff

Als Mezzanine[1]-Kapital wird eine *Mischung aus Eigen- und Fremdkapital* bezeichnet. Je nach Ausgestaltungsform ist es bilanziell näher dem Eigenkapital oder dem Fremdkapital zuzuordnen.

Lösung zu Aufgabe 2: Merkmale von Mezzanine-Kapital

a) Merkmale von Mezzanine-Kapital, z. B.:

- Je nach Ausgestaltung ist Mezzanine mehr dem Fremdkapital (Dept-Mezzanine) oder mehr dem Eigenkapital (Equity-Mezzanine) zuzuordnen.
- Nachrangigkeit gegenüber Fremdkapital, d. h. im Insolvenzfall werden Mezzanine erst nach dem Fremdkapital, jedoch vor dem Eigenkapital bedient.
- Flexibilität bei der Gestaltung der Zins- bzw. Gewinnbeteiligung
- zeitliche Befristung
- Die Erträge der Mezzanine-Kapitalgeber sind in der Regel höher als die der reinen Fremdkapitalgeber, aber geringer als der reinen Eigenkapitalgeber.

b) Grundsätzlich ist diese Finanzierungsform nur für Unternehmen mit einer soliden Struktur und einem hohen Wachstumspotenzial geeignet, da das Mezzanine-Kapital risikoreicher ist als „normales“ Fremdkapital.

Geeignet ist diese Finanzierungsform insbesondere zur

- Erweiterung der Produktionskapazitäten
- Erschließung neuer Märkte
- Übernahme von Unternehmen
- Finanzierung von Innovationen.

[1] Das Wort „Mezzanino“ stammt aus dem Italienischen und bezeichnet die in der Renaissance typische Bauweise eines Halbgeschosses, das zwischen zwei Hauptgeschossen liegt.

c)

Merkmale	Nachrang-darlehen	Typische stille Beteiligung	Genuss-scheine	Atypische stille Beteiligung
Informations-/ Zustimmungs-rechte	Gläubiger-stellung; in der Regel mit Vetorecht	Vertraglich sowie gesetzliche Info- und Kontrollrechte	Vertragliche Zustimmungs- und Kontroll-rechte	Mitunternehmer-stellung; vertragliche Zustimmungs- und Kontrollrechte
Haftung im Insolvenzfall	Nein; aber Rangrücktritt gegenüber anderen Gläubigern	Nein; aber ggf. Rangrücktritt gegenüber anderen Gläubigern		Gestaltungs-abhängig
Bilanzielles Eigenkapital	Nein	Gestaltungsabhängig		Gestaltungs-abhängig
Wirtschaft-liches Eigenkapital	Ja		Ja, bei entsprechender Gestaltung	Ja
Verlust-teilnahme	Nein	Grundsätzlich ja, kann aber vertraglich ausgeschlossen werden	In der Regel ja	

Lösung zu Aufgabe 3: Mezzanine-Kapital, Vorteile

Vorteile, z. B.:

- Wirtschaftliches Eigenkapital → Stärkung der Eigenkapitalquote
- steuerliches Fremdkapital → Senkung des steuerpflichtigen Gewinns
- langfristige, aber befristete Finanzierung
- weitestgehender Verzicht auf Stellung von Sicherheiten
- Bewahrung der Stimmrechtsverhältnisse
- Gewinnabhängige Vergütung
- hohe Flexibilität in der Ausgestaltung

1.5.5 Außenhandelsfinanzierung und Kreditsicherung im Außenhandel***

Lösung zu Aufgabe 1: Scheckinkasso, Orderscheck, d/p, d/a, L/C

a) - Beim **Scheckinkasso** stellt der Importeur als zahlungspflichtiger Schuldner einen Scheck aus und sendet ihn seinem Gläubiger, dem Exporteur, zu. Der Exporteur reicht ihn bei seiner Bank ein. Die Bank wird den Scheckbetrag aber erst dann gutschreiben, wenn sie sich – unter Einschaltung der bezogenen Bank des

Scheckausstellers – davon überzeugt hat, dass das Konto des Scheckausstellers Deckung aufweist. Das kann – je nachdem, ob es Korrespondenzbanken gibt – einige Zeit dauern.

- Beim **Bank-Orderscheck** hingegen weist die Bank des Importeurs (= Scheckaussteller) die Korrespondenzbank (= bezogene Bank) an, zu Lasten des Korrespondenzkontos des Ausstellers den Betrag an den als Empfänger genannten Exporteur oder an dessen Order zu zahlen. Die ausstellende Bank des Importeurs informiert über das SWIFT-System die Bank des Exporteurs, dass ein solcher Scheck mit dieser Anweisung an den Exporteur unterwegs sei, d. h. sie avisiert den Scheck. Sobald der Exporteur den Scheck erhalten hat, reicht er ihn seiner Bank ein, der er ja bereits avisiert war. Die Bank wird den Scheck zwar vorbehaltlich des Eingangs annehmen, dem Exporteur den Betrag aber unverzüglich gutschreiben, weil sie es als sicher ansieht, dass das bezogene Geldinstitut den Betrag an sie zahlen wird. Somit verfügt der Exporteur bei einem Bank-Orderscheck sehr viel früher über den Scheckbetrag als beim Scheckinkasso.

b) **Risiko des Importeurs bei d/p bzw. d/a:**
Da der Importeur erst im Besitz der Dokumente sein muss, um an die Ware zu gelangen und er diese Dokumente nur erhält, wenn er zuvor gezahlt (d/p) bzw. einen Wechsel akzeptiert (d/a) hat, besteht für ihn keine Möglichkeit, die eingetroffene Ware vorher in Augenschein zu nehmen, um ggf. offene Mängel zu erkennen. Das bedeutet für ihn, dass er gewissermaßen „die Katze im Sack“ kauft. Um dennoch die Ware vorab prüfen zu können, gibt die Bank des Importeurs guten Kunden die Dokumente zu treuen Händen. Damit hat der Kunde die Dokumente, kann an die Ware heran und sehen, ob die Lieferung ordnungsgemäß erfolgte und ob offene Mängel vorliegen. Ist alles in Ordnung, wird der Kunde nun die Zahlung bzw. das Akzept leisten und die Dokumente behalten; andernfalls wird er die Dokumente der Bank zurückgeben und keine Zahlung bzw. kein Akzept leisten. Es versteht sich von selbst, dass die Bank sich nur gegenüber vertrauenswürdigen Klienten so verhalten kann.

c) **Risiko des Exporteurs bei d/p bzw. d/a:**
Der Exporteur hat sich mit d/p und d/a vor dem Zahlungsausfallrisiko geschützt. Verweigert der Importeur die Zahlung, bekommt er die Dokumente nicht und somit auch keine Ware. Beide Zahlungsbedingungen verringern aber nicht das Annahmerisiko. Sollte es dem Importeur also „einfallen“, die Dokumente nicht abzunehmen (indem er einfach keine Zahlung leistet bzw. kein Akzept abgibt), weil er die Ware nicht mehr benötigt, hat der Exporteur die Ware zwar nicht verloren, aber ihm entstehen Kosten für den Rücktransport bzw. – was naheliegender ist – die Einlagerung vor Ort. Falls es sich nicht um kundenspezifische Ware handelt, muss er versuchen, die Ware vor Ort zu verkaufen. Er muss also einen Kommissionär finden oder einen anderen Absatzhelfer, die den Markt kennen und die Ware für seine Rechnung verkaufen. Dass der Exporteur die ihm entstehenden Kosten vom Importeur einklagen kann, sei als theoretische Möglichkeit erwähnt.

d) **Vorteile der Akkreditivvereinbarung für den Exporteur:**
Die Vereinbarung einer Akkreditivzahlung schützt den Exporteur ebenso wie d/p und d/a vor dem Zahlungsausfallrisiko. Darüber hinaus schützt es ihn auch vor dem Annahmerisiko, das durch d/p und d/a nicht beseitigt wird. Das Risiko, dass der Importeur gelieferte Ware nicht annimmt und der Exporteur damit vor dem Problem steht, was er mit der Ware machen soll, die sich jetzt fernab im vereinbarten Bestimmungshafen bzw. -ort befindet, tritt deshalb nicht ein, weil der Exporteur die Ware erst versendet, wenn ihm die Bank des Importeurs zusichert, dass er das Geld auf jeden Fall von ihr bekommen werde. Den Exporteur selbst braucht es nicht zu interessieren, wie die Bank des Importeurs sich gegenüber dem Importeur absichert. Ihm genügt, dass er sicher sein kann, auf jeden Fall die Zahlung zu erhalten. Wenn die Ware also in jedem Fall ohnehin bezahlt wird, gibt es für den Importeur also keinen Grund, die Warenlieferung nicht anzunehmen.

Die Bank sichert die Zahlung allerdings nur unter bestimmten Bedingungen zu. Die Bedingungen bestehen darin, dass ihr genau definierte Dokumente fristgerecht vorgelegt werden.

e) Die Akkreditivbank braucht ihre Zahlungszusicherung nicht aufrechtzuerhalten, wenn

- ihr nicht sämtliche im L/C aufgeführten Dokumente vorgelegt werden.
- ihr die im L/C aufgeführten Dokumente in anderer Form vorgelegt werden als lt. L/C vorgeschrieben; z. B. wird ihr nur ein Übernahmekonnossement vorgelegt, obwohl lt. L/C ein Bordkonnossement vorgelegt werden muss.
- ihr die im L/C aufgeführten Dokumente nicht in der im L/C genannten Anzahl vorgelegt werden; z. B. wird ihr die commercial invoice in sechsfacher Ausfertigung vorgelegt, obwohl lt. L/C neunfache Ausfertigung erforderlich ist.
- ihr die akkreditivkonformen Dokumente nicht fristgerecht vorgelegt werden. Der Letter of Credit enthält normalerweise einen Termin ab Verladedatum, bis zu dem die akkreditivkonformen Dokumente den Banken vorzulegen sind. Dieser Termin wird als Verfalltag bezeichnet. Findet sich im L/C kein solcher Verfalltag, so müssen gemäß Art. 43 Buchstabe a) der ERA 500 die Dokumente innerhalb von 21 Tagen nach der Verladung vorgelegt werden. Danach nehmen die Banken die Dokumente nicht mehr an und brauchen dann natürlich auch nicht zu zahlen.

f) Die Grundform des Akkreditivs kann in verschiedener Weise modifiziert werden – je nachdem, wie es für Exporteur und Importeur sinnvoll ist –, sodass es verschiedene Akkreditivformen gibt, wobei die meisten Formen miteinander kombinierbar sind.

- **Befristete und nicht befristete Akkreditive**
  Im Normalfall sind die Letter of Credits befristet, d. h. die Akkreditivbank muss bis zu diesem Datum zu ihrer Zahlungszusicherung stehen, sofern der Akkreditierte sich akkreditivkonform verhält (also z. B. fristgerecht die korrekten Dokumente einreicht).

- **Bestätigte (confirmed) und nicht bestätigte (unconfirmed) Akkreditive**
  Es ist immer die Akkreditivbank, die letztlich dem Akkreditierten die Zahlung zusichert. Ist sie die einzige Instanz, die diese Zusicherung macht, liegt ein unbestätigtes Akkreditiv vor. Die Akkreditivbank wird den fälligen Betrag zahlen, wenn sie von der Akkreditivstelle (Bank des Exporteurs) die akkreditivkonformen Dokumente bekommen hat, die diese wiederum vom Exporteur erhielt. Bei einem bestätigten Akkreditiv hingegen tritt die Akkreditivstelle in die Zahlungsverpflichtung der Akkreditivbank ein, d. h. sie bestätigt das Akkreditiv, was für den Exporteur so wirkt, als habe sie die Zahlung zugesichert. Reicht beim bestätigten Akkreditiv der Exporteur die akkreditivkonformen Dokumente an seine Bank weiter, wird sie dem Exporteur den Akkreditivbetrag gutschreiben. Danach gibt sie die erhaltenen Dokumente an die Akkreditivbank weiter, die den Akkreditivbetrag an sie überweist.
- **Widerrufliche (revocable) Akkreditive und unwiderrufliche (irrevocable) Akkreditive**
  Aufgrund der seit dem 01.07.2007 geltenden ERA 600 gibt es keine widerruflichen Akkreditive mehr. Nach Art. 2 ERA 600 sind alle Akkreditive unwiderruflich.
- **Revolvierende Akkreditive und kumulativ revolvierende Akkreditive**
  Wenn ein Importeur immer wieder Importgeschäfte von annähernd gleichem Wert unter der Zahlungsbedingung Dokumentenakkreditiv macht, kann er zwar für jedes einzelne Geschäft einen neuen Akkreditivauftrag erteilen; einfacher, billiger und schneller wäre es, wenn er bei der Akkreditivbank einen L/C beantragen würde, der das Akkreditiv immer wieder neu aufleben (revolvieren) ließe.Wenn es sich um ein kumulativ revolvierendes Akkreditiv handelt, könnte der Importeur damit sogar Importgeschäfte mit unterschiedlichen Summen tätigen. Revolvierende Akkreditive und erst recht kumulativ revolvierende Akkreditive setzen ein besonderes Vertrauen der Akkreditivbank in die Bonität ihres Kunden voraus.
- **Sichtakkreditive**
  Diese Akkreditivform ist der Regelfall: Die Zahlung erfolgt, sobald die Dokumente der Akkreditivbank vorliegen; beim bestätigten Akkreditiv zahlt die Akkreditivstelle ebenfalls bereits, sobald ihr die Dokumente übergeben worden sind. Voraussetzung ist in jedem Fall, dass die Dokumente akkreditivkonform sind.
- **Nachsichtakkreditive (Defered-Payment-Akkreditiv)**
  Mit dieser Form gelingt es, dem Exporteur einerseits die Vorteile aus einer Akkreditivvereinbarung zu verschaffen – nämlich kein Zahlungsausfall- und kein Annahmerisiko tragen zu müssen – und andererseits dem Importeur ein Zahlungsziel zu verschaffen. Die Akkreditivstelle nimmt vom Exporteur die Dokumente entgegen und bescheinigt stellvertretend für die Akkreditivbank den Zahlungsanspruch und die hinausgeschobene Fälligkeit der Zahlung.
- **Akzeptakkreditiv (Remboursakkreditiv)**
  Wie beim Nachsichtakkreditiv erfolgt die Zahlung nicht zeitnah zur Dokumentenvorlage, sondern wird hinausgeschoben. Die Akkreditivbank akzeptiert einen Wechsel und verpflichtet sich hierbei, ihn bei Fälligkeit einzulösen. Der Exporteur

erhält den akzeptierten Wechsel, sobald er die Dokumente bei der Akkreditivstelle vorlegt und kann den Wechsel diskontieren, sodass er sofort Liquidität erhält.

- **Negoziierungsakkreditiv**
  Der Exporteur legt der Akkreditivstelle die akkreditivkonformen Dokumente sowie einen auf die Akkreditivbank gezogenen, aber noch nicht akzeptierten Wechsel (= Tratte) vor, der bei Sicht fällig ist. Die Bank schreibt dem Exporteur die Wechselsumme gut und zwar stellvertretend für die Akkreditivbank. Die Negoziierung besteht nun darin, dass die Akkreditivstelle die Tratte selbst ankaufen (d. h. negoziieren) kann. Für den Exporteur ändert sich dadurch nichts: Auch jetzt schreibt ihm die Akkreditivstelle die Wechselsumme gut. Die Akkreditivstelle wird den Wechselbetrag nun mit der Akkreditivbank verrechnen.
- **Standby-Akkreditiv**
  Bei diesem Akkreditiv ist nicht der Exporteur der Begünstigte, sondern der Importeur. Die Akkreditivbank verpflichtet sich nämlich zu zahlen, wenn der Garantiefall eintritt. Das Dokument, das den Zahlungsfall auslöst, könnte z. B. die Erklärung des Importeurs sein, dass der Garantiefall eingetreten sei.

Lösung zu Aufgabe 2: Risiken im Auslandsgeschäft

Risiken	Beispiele	Absicherung, z. B.
Politische Risiken	KT-ZM-Risiken: ► Konvertierungsrisiko ► Transferrisiko ► Zahlungsverbotsrisiko ► Moratoriumsrisiko	► Euler-Hermes-Deckung ► private Kreditversicherung ► Bank-Garantie ► Akkreditvzahlung
Ökonomische Risiken	Annahmerisiko	Akkreditvzahlung
	Zahlungsausfallrisiko	► Kreditversicherung abschließen ► geeigneten term of payment vereinbaren
	Währungsrisiko	► Vertragsabschluss in Euro ► Fremdwährungskonto ► Devisentermingeschäft
	Transportrisiko	► Transportversicherung abschließen ► geeigneten Incoterm wählen ► Abholhandel statt Zustellhandel
Rechtliche Risiken bei Leistungsstörungen	Exporteur und Importeur vereinbaren, im Streitfall das Schiedsgericht der International Chamber of Commerce anzurufen und sich dem Schiedsspruch zu unterwerfen.	

Lösung zu Aufgabe 3: Incoterms und Transportversicherung

a) Incoterms regeln

- die Übernahme der Transportkosten,
- den Übergang der Gefahr des Verlustes oder der Beschädigung der Ware während des Transports und
- den Abschluss und die Kosten einer Transportversicherung.

Incoterms regeln *nicht*

- die Modalitäten des Kaufvertrags (sie ersetzen ihn also nicht)
- den Inhalt von Beförderungs-, Versicherungs- und Finanzierungsverträgen
- Vertragsstrafen bei Vertragsbruch
- die Lieferung immaterieller Güter.

b) Der Verkäufer muss EXW Greifswald vereinbaren.

c) Bei den Klauseln CIF und CIP übernimmt der Verkäufer die Kosten für die Transportversicherung.

d) Die D-Klauseln. Der Verkäufer übernimmt hier sämtliche Kosten und Gefahren bis zum Bestimmungsort.

e) Incoterms bieten eindeutige, standardisierte und international gültige Regelungen. Die Gefahr von Fehlinterpretationen wird vermieden. Vertragliche Regelungen werden vereinfacht.

f)

Transportart	Incoterms
Geeignete für alle Transportarten:	EXW, FCA, CPT, CIP, DAP, DAT, DDP
Geeignet nur für See-/Binnenschifftransporte:	FAS, FOB, CFR, CIF

Lösung zu Aufgabe 4: Transportversicherung

a) Mit der Transportversicherung wird das Transportgut, also die transportierte Ware versichert. Das Frachtgut ist in vielen Fällen wertvoller als das haftpflichtversicherte Transportmittel selbst.

b) Frachtführer sind gesetzlich verpflichtet, eine Transportversicherung abzuschließen. Unternehmen, die ihre Waren selbst befördern – entweder als Abholhandel oder als Zustellhandel – schließen eine Werkverkehrsbescheinigung ab.

Ob die Transportversicherung vom Exporteur oder vom Importeur abzuschließen ist, hängt von dem vereinbarten Incoterm ab. So schließt bei einer CIF-Klausel der Exporteur die (See-)Transportversicherung bis zum Bestimmungshafen ab und trägt die Versicherungsprämie. Der Versicherungswert beinhaltet zum Wert des Transportgutes noch einen imaginären Gewinnzuschlag von 10 %. Ist anstelle des CIF-Terms stattdessen CPT bzw. CFR vereinbart, muss der Importeur die Transportversicherung finanzieren.

c) Unter großer (gemeinschaftlicher) Havarie versteht man die Kosten, die unmittelbar durch eine Rettung aus gemeinsamer (Schiff und Ladung bedrohender) Gefahr entstehen oder infolge von Rettungsmaßnahmen zu Schäden an Schiff oder Ladung führen. Dazu gehört auch das bewusste Über-Bord-Werfen von Teilen des Ladungsgutes (= Aufopferung), um ein Schiff wieder manövrierfähig zu bekommen. Die Transportversicherung erstattet den entstandenen Aufwand. Die Versicherer müssen übrigens – wenn der Versicherte das verlangt – Sicherheiten stellen, z. B. in Form einer Bürgschaft.

d) Je nachdem, wie häufig und in welchem Umfang ein Großhändler Transporte in eine bestimmte Region selbst durchführt, kann er zwischen verschiedenen Policen wählen:

Policearten	
Einzelpolice	Jeder Transport wird für sich versichert. Einzelpolicen sind sinnvoll, wenn das Unternehmen ständig unterschiedlich wertvolle Transporte und in unterschiedliche Risikogebiete durchführt;
Generalpolice	Ist geeignet für ständig gleichartige Transporte (z. B. Transportwert, Transportgut); die Versicherungsprämie wird nachträglich z. B. monatlich für die durchgeführten Transporte abgerechnet und bezahlt.
Abschreibungs-police	Im Vorhinein wird eine bestimmte Versicherungssumme vereinbart und die Prämie hierfür bezahlt. Jeder durchgeführte Transport wird von der Versicherungssumme abgezogen, die sich so allmählich immer weiter verringert. Ist sie aufgebraucht, wird der Vertrag automatisch erneuert.

Als Arten der Transportversicherung lassen sich unterscheiden:

Transportmittelversicherung, Werkverkehrsversicherung, Warenversicherung, Verkehrshaftungsversicherung.

1.6 Finanzplanung

Lösung zu Aufgabe 1: Monatliche Finanzplanung (I)

a) **Liquiditätsentwicklung**:

Finanzplan 20.. – 1. Halbjahr –						
	Januar	Februar	März	April	Mai	Juni
Auszahlungen:						
Material	131.387,30	127.854,52	157.588,29	140.964,90	136.725,85	127.488,20
Personal	266.572,00	264.799,67	265.057,13	280.689,21	290.057,61	335.582,24
Investitionen	22.000,00	282.000,00	147.458,00	92.500,00	572.500,00	144.000,00
Instandhaltung	5.000,00	5.000,00	32.100,00	26.400,00	27.850,00	49.850,00
Sonstige	91.040,70	39.345,81	35.796,58	28.445,89	34.866,54	8.079,56
Summe	516.000,00	719.000,00	638.000,00	569.000,00	1.062.000,00	665.000,00
Einzahlungen:						
Umsätze	475.590,69	716.572,15	751.333,24	796.509,67	768.970,61	734.132,13
Sonstige	1.409,31	427,85	666,76	1.490,33	1.029,39	80.867,87
Summe	477.000,00	717.000,00	752.000,00	798.000,00	770.000,00	815.000,00

Liquiditätsbedarf	- 39.000,00	- 2.000,00			- 292.000,00	
Liquiditätsüberschuss			114.000,00	229.000,00		150.000,00

b) **Deckung des Liquiditätsbedarfs bzw. Verwendung des Überschusses:**

	Liquiditätsentwicklung	**Deckung des Liquiditätsbedarfs**		**Verwendung des Liquiditätsüberschusses**	
Januar	- 39.000,00	39.000,00	Girokonto		
Februar	- 2.000,00	2.000,00	Girokonto		
März	114.000,00			14.000,00 100.000,00	Girokonto Festgeld/60 Tage
April	229.000,00			9.000,00 220.000,00	Girokonto Festgeld/30 Tage
Mai	- 292.000,00	32.000,00 100.000,00 160.000,00	Girokonto Festgeld/60 T. Festgeld/30 T.		
Juni	150.000,00			50.000,00 50.000,00 50.000,00	Girokonto Festgeld/30 Tage Darlehensrückzahlung

c) **Entwicklung der Konten:**

	Girokonto Zu-/Abgang/=EB	Festgeldkonto		Darlehen
		30 Tage	60 Tage	
AB:	50.000,00	0,00	0,00	- 200.000,00
Januar	- 39.000,00 = 11.000,00			
Februar	- 2.000,00 = 9.000,00			
März	14.000,00 = 23.000,00		100.000,00 = 100.000,00	
April	9.000,00 = 32.000,00	220.000,00 = 220.000,00		
Mai	- 32.000,00 = 0,00	- 160.000,00 = 60.000,00	- 100.000,00 = 0,00	
Juni	50.000,00 = 50.000,00	50.000,00 = 110.000,00		50.000,00 = - 150.000,00

Lösung zu Aufgabe 2: Monatliche Finanzplanung (2)

a) **Finanzplan für das kommende Halbjahr:**

Finanzplan 1. Halbjahr 20.. in Tsd. €						
	Januar	Februar	März	April	Mai	Juni
AB: Kasse/Bank	**100**	**100**	**220**	**20**	**190**	**- 200**
Einzahlungen aus Erlösen	1.000	1.100	1.000	1.200	1.000	1.300
Anlagenabgang		30			50	50
Summe Einzahlungen (E)	**1.000**	**1.130**	**1.000**	**1.200**	**1.050**	**1.350**
Auszahlungen:						
Material	- 300	- 300	- 300	- 300	- 300	- 350
Löhne	- 500	- 500	- 500	- 500	- 500	- 650
Sachkosten	- 200	- 210	- 220	- 230	- 240	- 250
Investitionen			- 150		- 400	
Darlehensrate			- 30			- 30
Summe Auszahlungen (A)	**- 1.000**	**- 1.010**	**- 1.200**	**- 1.030**	**- 1.440**	**- 1.280**
E - A	0	120	- 200	170	- 390	70
Zahlungsmittelbestand	100	220	20	190	- 200	- 130
Kontokorrentkredit					150	130
Unterliquidität					- 50	

b) **Vorschläge zur Finanzierung der Liquiditätsunterdeckung:**
Im Mai entsteht durch die Auszahlung für Investitionen eine Unterdeckung von - 200 Tsd. €. Sie kann zum überwiegenden Teil durch den (verfügbaren) Kontokor-

rentkredit abdeckt werden. Der verbleibende Finanzbedarf für einen Monat in Höhe von 50 Tsd. € könnte abgedeckt werden, z. B. über:

- zeitlich begrenzte Erweiterung der Kreditlinie (dürfte problematisch sein)
- geduldete Überziehung für einen Monat (angenommene Kosten: Kontokorrent: 150.000/12 %/30 Tage: 1.500 €; Überziehung: 50.000/17 %/30 Tage: 708,33 €)
- Anzahlung von Kunden für bereits geleistete Teilleistungen
- Verschieben der Investitionszahlung
- Verschieben der Sonderzahlung Löhne um einen Monat
- Verlängertes Zahlungsziel mit Lieferanten vereinbaren
- Reduzierung/Verschieben der Auszahlung für Sachkosten.

Lösung zu Aufgabe 3: Finanzplanung für das IV. Quartal inkl. Umsatzsteuerzahllast***

Finanzplan IV. Quartal			
	Okt.	**Nov.**	**Dez.**
	Angaben in €		
Anfangsbestand	**30.000**	**14.800**	**11.700**
Einzahlungen:			
Erlöse, netto, 60 % sofort	60.000	60.000	60.000
Erlöse, netto, 30 % Folgemonat	0	30.000	30.000
Erlöse, netto, 10 % nach 2 Monaten	0	0	10.000
Umsatzsteuer	11.400	11.400	11.400
Umsatzsteuer	0	5.700	5.700
Umsatzsteuer	0	0	1.900
Summe Einzahlungen	**71.400**	**107.100**	**119.000**
Auszahlungen:			
Darlehenstilgung			- 30.000
Zinsen, Darlehen			- 8.000
Personalausgaben	- 35.000	- 35.000	- 35.000
Material- und Sachausgaben, netto	- 40.000	- 40.000	- 40.000
Pkw-Kauf, netto	0	- 20.000	0
Vorsteuer	- 7.600	- 7.600	- 7.600
Vorsteuer	0	- 3.800	0
Umsatzsteuerzahllast	- 4.000	- 3.800	- 5.700
Summe Auszahlungen	**86.600**	**110.200**	**126.300**
Über-/Unterdeckung	**14.800**	**11.700**	**4.400**

Berechnung der Umsatzsteuerzahllast:

		Nov.	Dez.
	USt	11.400[1]	11.400 5.700
-	Vorsteuer	7.600	7.600 3.800
=	Zahllast	3.800	5.700[2]

Lösung zu Aufgabe 4: Analyse der kurzfristigen Finanzplanung, Maßnahme der Gegensteuerung

a) **Analyse der kurzfristigen Finanzplanung:**

1. In der 3. und 4. KW besteht ein finanzieller Engpass.
2. In der 3. KW ist das Unternehmen kurzfristig zahlungsunfähig.
3. In der 4. KW ist der Kontokorrentkredit mit -100 Tsd. € voll ausgeschöpft.

b) **Mögliche kurzfristige Maßnahmen im Einnahmenbereich**, z. B.:

- Einbringen der Forderungen aus LL der 4. KW bereits in der 3. KW.
- Erhöhung der Kundenanzahlungen: in der 3. KW und 4. KW um je um 10 Tsd. €.

Mögliche kurzfristige Maßnahmen im Ausgabenbereich, z. B.:

- Finanzieren auf Kosten der Lieferanten („Verschleppen der Bezahlung der Verbindlichkeiten"), z. B. in der 3. und 4. KW um jeweils 20 Tsd. €.
- Verzicht auf Privatentnahmen in der 4. KW.

Lösung zu Aufgabe 5: Finanzplanung, Maßnahmen zur Verbesserung der Liquidität

- **Maßnahmen zur Verbesserung der Einzahlungsseite:**
  - Absatz verstärkt nur gegen Barzahlung
  - forcierte Eintreibung fälliger Forderungen
  - Verkauf von Forderungen durch Factoring
  - Aufnahme neuer Kredite
  - Liquidierung langfristig gebundener Vermögensteile durch Verkauf
  - Eigenkapitalerhöhungen durch Geldeinlagen der Inhaber.
- **Maßnahmen zur Entlastung der Auszahlungsseite:**
  - Verschiebungen des Kaufs von Investitionsgütern
  - Leasing statt Kauf von Investitionsgütern

[1] USt aus Okt. fällig am 10. des Folgemonats

[2] Zahllast für Nov., fällig am 10. Dez.

- Hinausschieben von Bestellungen, die bar bezahlt werden müssen
- Verlängerung der Kreditfristen durch verspätetes Begleichen von Rechnungen
- Verzicht auf Gewinnausschüttungen
- Reduzierung der Privatentnahmen seitens des(r) Inhaber(s).

1.7 Unternehmensrating***

Lösung zu Aufgabe 1: Basel II: Auswirkungen auf die Kreditvergabe und Konditionen

a) Generell gilt, dass höhere Risiken bei der Kreditvergabe höhere Zinsen bewirken. Wenn die Bank bei einem schlechten Rating mehr Eigenkapital unterlegen muss, erhöhen sich auch ihre Eigenmittelkosten. Diese erhöhten Kosten werden möglicherweise über höhere (Kredit-)Zinsen an den Kreditnehmer weitergegeben. Umgekehrt profitiert ein Kreditnehmer mit gutem Rating von niedrigeren Kreditzinsen, weil die Bank für den Kredit geringere Eigenmittel hinterlegen muss. Im Baseler Regelwerk selbst finden sich jedoch keine Vorschriften zur Kreditbepreisung. Das heißt, ob die Bank entsprechend den Eigenmittelkosten Zinsen verlangt, hängt von der Ertragssituation und sonstigen Überlegungen (Wettbewerbsposition usw.) der Banken ab.

b) ► Basel II wirkt volkswirtschaftlich strukturkonservierend. Unternehmen mit dem besten Rating, also der besten Bonität, erhalten die günstigsten Kreditkonditionen. Diese Unternehmen sind aber naturgemäß auch die Unternehmen, die die wenigsten Kredite benötigen.

► Basel II bewirkt eine Kreditrationierung, da Kreditanträge nicht mehr einzelfallbezogen, sondern statistisch beurteilt werden. Die Beziehung zwischen Bank und Kreditnehmer wird anonym.

► Basel II wirkt konjunkturell prozyklisch, da beispielsweise steigenden Kreditausfallsraten der Banken auch zu einem höheren Eigenkapitalerfordernis führen, was einerseits zu tendenziell steigenden Zinsen andererseits zu geringen Finanzierungsmöglichkeiten der Banken führt.

Lösung zu Aufgabe 2: Rating (1)

a) „Harte" und „weiche" Faktoren im Rahmen des qualitativen Ratings entsprechend der Definition des Deutschen Sparkassen- und Giroverbands (DSGV):

► **Harte Faktoren:** Alle Informationen, die weitgehend ohne Ermessensspielraum durch den Kundenbetreuer ermittelt werden können. Dies sind also Informationen, bei denen jeder Kundenbetreuer, bei gleicher Informationslage zu gleichen Ergebnissen gelangen wird.

Beispiele: Überziehungsverhalten des Kunden, Nachfolgeregelung, Alter der Kundenbeziehung.

- **Weiche Faktoren:** Alle Informationen, die nur mit einem gewissen Ermessensspielraum durch den Kundenbetreuer ermittelt werden können. Dies sind also Informationen, bei denen Kundenbetreuer, bei gleicher Informationslage zu unterschiedlichen Ergebnissen kommen können. Die Fragen zu diesem Bereich der weichen, qualitativen Faktoren beginnen typischer Weise mit der Formulierung „Wie beurteilen Sie ...?"

  Beispiele zum Merkmal „Produkt und Markt": Wie beurteilen Sie das Produktsortiment? Wie beurteilen Sie die Qualität der Produkte/Dienstleistungen? Wie beurteilen Sie die Marktposition?

b) „Leitplanken" sind Hilfstexte. Sie erleichtern dem Kundenbetreuer die Beurteilung der Antworten zu den weichen, qualitativen Faktoren. Damit soll auch gewährleistet sein, dass der Ermessensspielraum der Bewertung nicht unangemessen differiert.

Beispiele

Frage an den Kunden	←← **Leitplanken** →→	
	Beispiele für **beste** Beurteilung	Beispiele für **schlechteste** Beurteilung
Wie beurteilen Sie das Qualitätsmanagement Ihres Unternehmens?	► Ein TQM ist eingerichtet und wird zentral gesteuert. ► Das Unternehmen ist zertifiziert nach DIN EN ISO 9000:2005.	► Ein Qualitätsmanagement ist nicht vorhanden. ► keine Zertifizierung ► Rückrufaktionen
Nicht bekannt		

c) Scheck- und Lastschriftrückgaben, Nichteinhalten wesentlicher Absprachen mit der Bank sowie Kontopfändung sind typische Beispiele für sog. „Warnsignale". Derartige Unregelmäßigkeiten, die bei einem bonitätsmäßig einwandfreien Kunden nicht auftreten, veranlassen den Kundenberater dazu, ein Warnsignal zu setzen. Es bewirkt, dass nach Abschluss des üblichen Ratingverfahrens die ermittelte Rating-Note abgestuft wird. Das Maß der Abstufung orientiert sich an der Schwere des Warnsignals. Im vorliegenden Fall muss Ihre Geschäftsführung ggf. mit einer „leichten" Abstufung der Rating-Note rechnen. Im Endeffekt kann dies zu einer verschlechterten Zinskondition führen.

d) Die quantitative Faktoren, die qualitativen Faktoren sowie das Kontoverhalten des Kunden gehen mit folgenden Anteilen in die Rating-Note ein (Rating-Aufbau bei Gewerbekunden mit einem Nettoumsatz < 2,5 Mio. € nach DSGV):

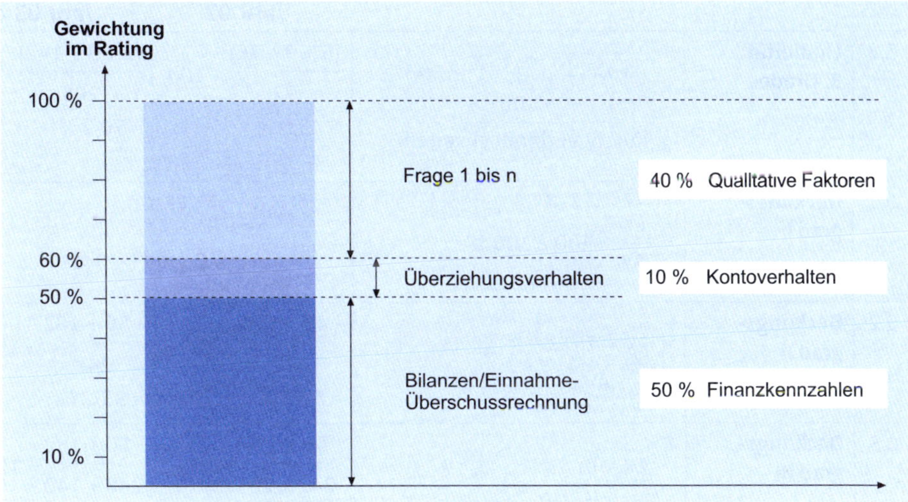

Lösung zu Aufgabe 3: Rating (2) – Fallstudie

1. Schritt: Berechnen der Kennzahlen

			Jahr 02	Jahr 03
1	**Eigenkapital-quote**	$\frac{\text{Eigenkapital}}{\text{Gesamtkapital}} \cdot 100$	EK ist negativ!	
2	**Zinsaufwand-quote**	$\frac{\text{Zinsaufwand}}{\text{Gesamtaufwand}} \cdot 100$	$\frac{15}{232} \cdot 100$ = 6,5 %	$\frac{14}{368} \cdot 100$ = 3,8 %
3	**Anlagen-intensität**	$\frac{\text{Anlagevermögen}}{\text{Gesamtvermögen}} \cdot 100$	$\frac{247}{306} \cdot 100$ = 80,7 %	$\frac{248}{425} \cdot 100$ = 58,4 %
4	**Umlauf-intensität**	$\frac{\text{Umlaufvermögen}}{\text{Gesamtvermögen}} \cdot 100$	$\frac{51}{306} \cdot 100$ = 16,7 %	$\frac{159}{425} \cdot 100$ = 37,4 %
5.1	**Liquidität 1. Grades**	$\frac{\text{Flüssige Mittel} \cdot 100}{\text{Kurzfr. Verbindlichkeiten}}$	Flüssige Mittel ≈ 0; → $\text{Liquidität}_{\text{1. Grades}} \approx 0$	
5.2	**Liquidität 2. Grades**	$\frac{\text{(Fl. Mittel + kfr. Ford.)} \cdot 100}{\text{Kurzfr. Verbindlichkeiten}}$	$\frac{5+9}{92} \cdot 100$ = 15,2 %	$\frac{1+3}{208} \cdot 100$ = 1,9 %

			Jahr 02	Jahr 03
5.3	**Liquidität 3. Grades**	$\frac{(\text{Fl. Mi.} + \text{kfr. F.} + \text{Vorräte}) \cdot 100}{\text{Kurzfr. Verbindlichkeiten}}$	$\frac{(5 + 9 + 26)}{92} \cdot 100$ = 43,5 %	$\frac{(1 + 3 + 142)}{208} \cdot 100$ = 70,2 %
6.1	**Deckungsgrad I**	$\frac{\text{EK}}{\text{AV}} \cdot 100 \geq 100\,\%$	EK < 0; → D.grad I < 0 %	
6.2	**Deckungsgrad II**	$\frac{\text{EK} + \text{lfr. FK}}{\text{AV}} \geq 1$	$\frac{-46 + 175}{247} \cdot 100$ = 52,2 %	$\frac{-50 + 182}{248} \cdot 100$ = 53,2 %
6.3	**Deckungsgrad III**	$\frac{\text{EK} + \text{lfr. FK}}{\text{AV} + \text{lfr. UV}} \geq 1$	$\frac{-46 + 175}{247 + 26} \cdot 100$ = 47,3 %	$\frac{-50 + 182}{248 + 142} \cdot 100$ = 33,8 %
7	**Rückstellungsquote**	$\frac{\text{Rückstellungen}}{\text{Bilanzsumme}} \cdot 100$	$\frac{38}{306} \cdot 100$ = 12,4 %	$\frac{35}{425} \cdot 100$ = 8,2 %
8	**Abschreibungsintensität**	$\frac{\text{Abschreibungsaufwand}}{\text{Gesamtaufwand}} \cdot 100$	$\frac{22}{232} \cdot 100$ = 9,5 %	$\frac{29}{368} \cdot 100$ = 7,9 %
9	**Umsatzrentabilität Betriebsergebnis in % der Gesamtleistung**	$\frac{\text{Betriebsergebnis}}{\text{Gesamtleistung}} \cdot 100$	$\frac{55}{284} \cdot 100$ = 19,4 %	$\frac{18}{382} \cdot 100$ = 4,7 %
10	**Betriebsrentabilität Betriebsergebnis in % der Bilanzsumme**	$\frac{\text{Betriebsergebnis}}{\text{Gesamtkapital}} \cdot 100$	$\frac{55}{306} \cdot 100$ = 18,0 %	$\frac{18}{425} \cdot 100$ = 4,2 %

2. Schritt: Ermittlung der Punktzahlen auf der Basis der Güteklasse,

3. Schritt: Berechnung des arithmetischen Mittels der Punktzahlen,

4. Schritt: Ermittlung Mittelwert der Punktzahlen der Güteklasse zuordnen (= Ratingwert, gesamt)

		Eigener Wert		Branchenwert in % bzw. Bilanz-/Finanzregel	Ihr Selbstrating: Erreichte Punktzahl	
		Jahr 02	Jahr 03			
1	**Eigenkapital-quote**	EK< 0		0,0 - 34,3	EK ist negativ! Daher Punktzahl ≤ 60	≤ 60
2	**Zinsaufwand-quote**	6,5 %	3,8 %	0,5 - 3,1	ungünstig; deutlich über dem Branchenwert; daher Punktzahl ≤ 60	≤ 60
3	**Anlagen-intensität**	80,7 %	58,4 %	10,2 - 54,4	zu hoch; deutlich über dem Branchen-wert; daher Punkt-zahl ≤ 60	≤ 60
4	**Umlauf-intensität**	16,7 %	37,4 %	30,0 - 54,6	gut; unter dem Branchenwert	92
5.1	**Liquidität 1. Grades**	Fl. Mittel ≈ 0 $L._{1.\,Gr.}$ ≈ 0		Kann unter 100 % liegen.	keine der Forderung ist annähernd erreicht; daher Punktzahl ≤ 60 (denkbar ist auch eine geringere Punktzahl)	≤ 60
5.2	**Liquidität 2. Grades**	15,2 %	1,9 %	Soll 100 % erreichen.		
5.3	**Liquidität 3. Grades**	43,5 %	70,2 %	Soll 200 % erreichen.		
6.1	**Deckungsgrad I**	EK < 0 D.grad I < 0		AV soll zu 100 % durch EK gedeckt sein.		≤ 60
6.2	**Deckungsgrad II**	**52,2 %**	**53,2 %**	AV soll zu 100 % langfristig finanziert sein.		
6.3	**Deckungsgrad III**	47,3 %	33,8%	AV + lfristige UV sollen zu 100 % langfristig finan-ziert sein.		
7	**Rückstellungs-quote**	12,4 %	8,2 %	3,0 - 7,5	günstig; Bildung stiller Reserven	92
8	**Abschreibungs-intensität**	9,5 %	7,9 %	1,5 - 5,3		92

		Eigener Wert		Branchenwert in % bzw. Bilanz-/Finanzregel	Ihr Selbstrating: Erreichte Punktzahl	
		Jahr 02	Jahr 03			
9	**Umsatzrentabilität**	19,4 %	4,7 %	4,6 - 19,6	gut im Jahr 2009; bei einer Durchschnittsbetrachtung (09/10) wird der Branchendurchschnitt erreicht	92
10	**Betriebsrentabilität**	18,0 %	4,2 %	8,0 - 15,0		92
					Summe Punktzahl	760
					Ø = 760 : 10 =	76

↓

Rating	**C** bedingt ausreichend
	Quantitative Analyse

Hinweis zur Lösung: Auch das Finanzrating ist nicht frei von subjektiven Bewertungen. Denkbar ist daher auch ein Ergebnis „Rating = **C⁻**".

Lösung zu Aufgabe 4: Rating (3)

a)

Rating • qualitative Faktoren

↓ ↓ ↓

Marktanalyse

z. B.:
- Produktvielfalt
- Marktentwicklung
- Auftragslage

Unternehmensführung

z. B.:
- Haftung
- Vertretungsregelung
- Nachfolge

Logistik

z. B.:
- Konditionen im Einkauf
- Vertriebsorganisation
- Lagerpolitik

Rating · quantitative Faktoren		
↓	↓	↓
Ertragsentwicklung	**Vermögensentwicklung**	**Finanzpolitik**
▸ Kapitalrendite ▸ Cashflow ▸ Umsatzrendite	▸ EK-Quote ▸ Riskokapital ▸ Verschuldung	▸ gewährte Zahlungsziele ▸ Fristenkongruenz ▸ Inanspruchnahme der Kreditlinie

b) Typische **Warnsignale** sind folgende Ereignisse, z. B.:

1. Kontoüberziehungen > 30 Tage und > 60 Tage
2. Gesamtüberziehungstage bis 30 Tage, bis 90 Tage und > 90 Tage
3. Scheck- und/oder Lastschriftrückgaben mangels Deckung
4. nicht ausgeführte Überweisungen (mangels Deckung)
5. Verzögerungen bei der Leistung von Kapitaldienstraten

Lösung zu Aufgabe 5: Basel III

- Kreditinstitute sollen nach Basel III mehr und qualitativ besseres Eigenkapital zur Absicherung eines Kreditausfalls zurücklegen. Um also die Kreditvergabemöglichkeiten in der heutigen Größenordnung aufrechterhalten zu können, müssen Banken ihre Eigenkapitalausstattung erheblich verbessern.
- Die Eigenkapitalausstattung betrifft dabei sowohl Höhe als auch Definition des so genannten Kernkapitals:
  - Die Kernkapitalquote unterscheidet sich dabei fundamental von der üblichen Eigenkapitalquote. Letztere beruht nicht auf einer Risikogewichtung der Aktiva.
  - Das Kernkapital soll schrittweise bis 2015 von derzeit 4 % auf 6 % der „risikogewichteten Aktiva" steigen. Mindestens 4,5 % sollen hierbei auf das harte Kernkapital entfallen.
  - Hartes Kernkapital (z. B. Grundkapital bei Aktiengesellschaften und einbehaltene Gewinne) steht dem Institut dauerhaft zur Verfügung. Durch die uneingeschränkte Verlustübernahme ist es für die Stabilität der Institute von besonderer Bedeutung.
- Die Bonität der Darlehensnehmer wird auch künftig mithilfe von Rating-Verfahren ermittelt. Mit einer Optimierung des Ratings, einer hohen Eigenkapitalquote und werthaltigen Sicherheiten lassen sich Kreditkosten also auch künftig steuern.
- Basel III wird den Mittelstand überproportional belasten, Kredite werden für ihn knapper, teurer und müssen mit mehr Sicherheiten hinterlegt werden, so die Auffassung des Bundesverbandes IT-Mittelstand e.V. (BITMi).

1.8 Finanzmärkte (Überblick)***

Lösung zu Aufgabe 1: Finanzmärkte, Funktionen

Finanzmärkte sind Märkte auf denen das Angebot von und die Nachfrage nach Kapital aufeinandertreffen. Beides zu einem Ausgleich zu führen wird über folgende *Funktionen* erfüllt:

- Losgrößentransformation
- Risikotransformation
- Koordinationsfunktion
- Fristentransformation
- Allokationsfunktion (Verteilungsfunktion)
- Auswahlfunktion

Die Akteure der Finanzmärkte sind in der Regel Banken und Großunternehmen. Sie existieren und agieren national und international. Gehandelt wird das Kapital in Form von Geld, Wertpapieren und Devisen. Nach ihrem Handelsgegenstand zählen dazu der Geldmarkt, der Kredit- und Kapitalmarkt sowie der Devisenmarkt.

Lösung zu Aufgabe 2: Derivate

Ein Derivat ist ein Vertrag zwischen zwei Vertragspartnern, der einen Preis für ein Wertpapier definiert. Bei Preisschwankungen werden diese gemäß Vertrag von dem einen oder anderen Partner ausglichen. Zu den Derivaten zählen:

- **Forward Rate Agreements (FRA):**
  Zwei Partner vereinbaren zum Zeitpunkt t_0 einen verbindlichen Zinssatz. Zum Zeitpunkt t_1 wird die Differenz zum aktuellen Zinssatz bestimmt. Je nach Abweichung zahlt entweder der Käufer bzw. der Verkäufer die Differenz an den Partner.
- **Zinsswap:**
  Ein Tausch (engl.: swap) von kurzfristigen gegen langfristige Zinsen oder umgekehrt zu vorher festgelegten Terminen.
- **Zinsbegrenzungen:**
  Gegen Zahlung einer Prämie sichert der Verkäufer dem Käufer für den vereinbarten Zeitraum eine Ausgleichszahlung zu.
  - **CAP:**
    Ist die Prämie an die Zinsobergrenze gebunden, nennt man das Zinsmanagementinstrument CAP. Der Käufer hat das Recht auf Ausgleichszahlung, wenn der vereinbarte Zins (Strike) überschritten wird.
  - **Floor:**
    Ist die Prämie an die Zinsuntergrenze gebunden, nennt sich das Zinsmanagementinstrument Floor. Der Käufer hat das Recht auf Ausgleichszahlung, wenn der vereinbarte Zins (Strike) unterschritten wird.

- **Collar:**
  Werden beide Instrumente kombiniert, nennt sich das Instrument Collar. Dem Käufer bleibt dabei das Recht, wie beim CAP, er muss aber selbst eine Ausgleichszahlung leisten, wenn die vereinbarte Zinsuntergrenze unterschritten wird.

► **Zinsfuture**
Ist eine übertragbare Verpflichtung, zu einem bestimmten Zeitpunkt ein entsprechendes Zinsinstrument zu kaufen oder zu verkaufen.

Lösung zu Aufgabe 3: Struktur der Finanzmärkte

Produktbezogen lassen sich folgende Teilmärkte unterscheiden (die Gliederung ist in der Literatur nicht einheitlich):

Finanzmärkte

- ↓ **Geldmarkt**
  - ↓ Bankengeldmarkt
    - ↓ Geldmarktpapiere
    - Zentralbankguthaben
  - ↓ Unternehmensgeldmarkt
    - ↓ Industrieclearing
    - Konzernclearing
- ↓ **Kapitalmarkt**
  - ↓ Wertpapierhandel (auf Primär- und Sekundärmarkt)
    - ↓ börslich
      - ↓
      - ► Terminmarkt
      - ► Kassamarkt
        - amtlicher Handel
        - geregelter Markt
        - Freiverkehr
        - Neuer Markt
    - außerbörslich
- ↓ **Devisenmarkt**
  - ↓ Angebot von und Nachfrage nach *Devisen* (Währungen) *mit kurzer Laufzeit*

Lösung zu Aufgabe 4: Kredit- und Zinsmanagement

a) Traditionelle Instrumente, z. B.:

► Kreditumschuldung zu verbesserten Konditionen

► vorfristige Zinsfestschreibung zum Zeitpunkt des planmäßigen Auslaufens der Zinsbindungsfrist

- vorzeitige Prolongation vor Auslaufen der Zinsbindungsfrist unter Einbeziehung der Vorfälligkeitsentschädigung (stößt mitunter auf Widerstand der Banken)
- Umwandlung von Darlehen mit variablem Zins in Darlehen mit Zinsbindung.

Moderne Zinsmanagement-Instrumente, z. B.:

- Cap Darlehen
- Collar
- Floor
- Zinsswap
- Forward Rate Agreement.

b)

	durchgereichter Festzins	2 Mio. € zu 6,5 % =	130.000 €
-	zu zahlender Zinsswap im 1. Jahr	2 Mio. € zu 4,5 % + 0,5 % Marge =	- 100.000 €
=	Zinsvorteil durch Swapgeschäft im 1. Jahr		30.000 €

c) Der Kunde hat mit der Bank ein Darlehen mit variabler Zinskondition abgeschlossen. Der CAP ist eine zusätzliche Vereinbarung mit der Bank zur Deckelung der Zinskosten. Dafür zahlt der Kunde eine Prämie. Steigt der Zins über die Zinsobergrenze, so erhält der Kunde eine Ausgleichszahlung.

1.9 Analyse der Unternehmensfinanzierung

Lösung zu Aufgabe 1: Cashflow-Berechnung, Verhältnis von Eigen- und Fremdfinanzierung, Leverage-Effekt

a)

$$\text{Eigenkapitalquote} = \frac{\text{Eigenkapital}}{\text{Gesamtkapital}} \cdot 100$$

$$= \frac{23.413 \cdot 100}{46.983}$$

$= 49{,}83\ \%$

Die 1 : 1-Regel (FK : EK ≤ 1) ist annähernd erreicht (hier: FK : EK = 1,006).

b)

		Tsd. €
	Jahresüberschuss	3.064
+	Abschreibungen auf Sachanlagen:	2.647
+	Zuführung zu langfristigen Rückstellungen (16.150 - 14.900)	1.250
=	Cashflow (Brutto), Betriebliche Ertragskraft	6.961
-	Ausschüttung	2.000
=	Cashflow (Netto), Betriebliche Finanzkraft	4.961

c) **Vorteile der Cashflow-Finanzierung,** z. B.:

- keine Annuitäten
- Vermeidung von Fremdkapitalaufnahme; dadurch verbessertes Rating
- keine Beschränkung der Entscheidungsfreiheit durch Fremdkapitalgeber, Kennzahlen, Kapitalflussrechnung, Bewegungsbilanz
- kein „Verbrauch" von Sicherheiten
- kein Risiko der Kündigung von Kreditverträgen.

d)

		Jahr 02	**Jahr 01**
Eigenkapitalrentabilität	$\frac{\text{Gewinn}}{\text{Eigenkapital}} \cdot 100$	$= \frac{3.064 \cdot 100}{23.413}$ = 13,09 %	$= \frac{1.638 \cdot 100}{22.338}$ = 7,33 %

		Jahr 02	**Jahr 01**
Gesamtkapitalrentabilität	$\frac{\text{Gewinn} + \text{FK-Zinsen}}{\text{Gesamtkapital}} \cdot 100$	$= \frac{(3.064 + 630) \cdot 100}{46.983}$ = 7,86 %	$= \frac{(1.638 + 860) \cdot 100}{45.500}$ = 5,49 %

Kommentar:

- **Eigenkapitalrentabilität:**
  Der Gewinn stieg um 87,1 %. Dies führt bei annähernd gleicher Eigenkapitalausstattung zu einem Anstieg der EK-Rendite um 78,6 % auf ein Niveau von 13,09 % – ein Wert, der als gut bezeichnet werden kann.
- **Gesamtkapitalrentabilität:**
  Bei annähernd ähnlicher Gesamtkapitalausstattung, einem Rückgang der Zinsen für FK um rd. 27 % sowie einem Gewinnanstieg von rd. 87 % verbessert sich die Gesamtkapital-Rendite um rd. 43 % auf ein Niveau von 7,86 % – ein Wert, der als noch befriedigend angesehen werden kann.

e)

Cashflow-Umsatzrate	$\frac{\text{Cashflow}}{\text{Umsatz}} \cdot 100$	$= \frac{4.961 \cdot 100}{42.376}$ = 11,7 %
Schuldentilgungsdauer (in Jahren)	$\frac{\text{Fremdkapital - flüssige Mittel}}{\text{Cashflow}}$	$= \frac{(23.570 - 4.631)}{4.961}$ = 3,82 Jahre

Kommentar: Beide Ergebnisse können als gut bezeichnet werden.

f) Da der Zinssatz für Fremdkapital kleiner ist als die Gesamtkapitalrendite (5 % < 7,86 %) erhöht sich die Eigenkapitalrendite (positiver Leverage-Effekt).

g) Da $Zins_{FK} > R_{GK}$ (9 % > 7,86 %), sinkt die Eigenkapitalrendite (negativer Leverage-Effekt).

h) Der Deckungsgrad I (Goldene Bilanzregel I) besagt:

Goldene Bilanzregel I Deckungsgrad I	$\frac{EK}{AV} \cdot 100 \geq 100\,\%$	AV soll zu 100 % durch EK gedeckt sein.
	$= \frac{23.413 \cdot 100}{17.501}$ $= 133{,}78\,\%$	

Der Deckungsgrad I liegt deutlich über 100 %; die goldene Bilanzregel I ist mehr als erfüllt. Dem Prinzip der Fristenkongruenz wird voll entsprochen.

Lösung zu Aufgabe 2: Zwischenbetrieblicher Vergleich, ROI

a)

	Unternehmen		
	1	**2**	**3**
Umsatzerlöse	4.200	2.800	2.700
Bilanzsumme	1.200	1.400	1.800
FK-Zinsen	140	120	100
Gewinn	252	140	270
Ranking	**(2)**	**(3)**	**(1)**
Kapitalumschlagshäufigkeit	3,5	2,0	1,5
Ranking	**(1)**	**(2)**	**(3)**
Umsatzrentabilität[1]	0,093	0,0929	0,137
Ranking	**(2)**	**(3)**	**(1)**
ROI[2] = Kapitalumschlag • Umsatzrendite	32,55 %	18,58 %	20,55 %
Ranking	**(1)**	**(3)**	**(2)**

Kommentar:

- Unternehmen 2 erzielt bei keiner Kennzahl den Rang 1.

1 $\text{Umsatzrentabilität} = \frac{\text{Return} \cdot 100}{\text{Umsatz}} = \frac{(\text{EK} + \text{FK - Zinsen} \cdot 100)}{\text{Umsatz}}$

2 Verschiedentlich wird der ROI in der deutschen Literatur ohne Fremdkapitalzinsen berechnet. Dies dürfte nicht korrekt sein. Die Größe ROI stammt aus den USA und bezeichnet dort das Operating Profit (= Gewinn vor Steuern + Fremdkapitalzinsen). Außerdem ist der ROI als Renditegröße für das Gesamtunternehmen nur bei Addition der FK-Zinsen mit der Gesamtkapitalrendite gleich (vgl. auch: *Wöhe*, a. a. O., S. 1065).

- Unternehmen 3 erzielt bei Gewinn und Umsatzrentabilität den Rang 1. Der Gewinn von 270 Tsd. € wird mit einem vergleichsweise bescheidenen Umsatz erzielt. Aufgrund des geringsten Kapitaleinsatzes bei relativ hohem Gewinn erreicht Unternehmen 1 bei der Kapitalumschlagshäufigkeit den Rang 1.
- In der Gesamtbetrachtung erreicht Unternehmen 1 bei einem ROI von rd. 32 % den Rang 1. Die Kennzahl verknüpft die Wirkung der Größen Umsatz, Gewinn und Kapitaleinsatz miteinander.

b) **Maßnahmen zur Verbesserung des ROI** (vgl. Kennzahlensystem nach Du Pont):

- Erhöhung der Umsatzrentabilität, z. B.:
  - Verringerung des Materialeinsatzes (Verbesserung des Rohgewinns)
  - Senkung der Fertigungskosten
  - Senkung der Gemeinkosten
- Erhöhung der Kapitalumschlagshäufigkeit, z. B.:
  - allgemein: Reduzierung der Kapitalbindung
  - Senkung der Vorräte
  - Verkauf des betrieblich nicht notwendigen Anlagevermögens
  - Sales-and-Lease-back-Verfahren
  - Reduzierung des Forderungsbestandes (z. B. Factoring)

Lösung zu Aufgabe 3: Kennzahlen zur Analyse der Kapitalstruktur und der Fristenkongruenz

1.

$$\text{Anspannungskoeffizient} = \frac{FK}{GK} \cdot 100$$

$$= \frac{900}{1.200} \cdot 100$$

$$= 75\,\%$$

Das Unternehmen ist zu 75 % mit Fremdkapital finanziert; ein Wert, der gerade noch tolerierbar ist.

2.

$$\text{Verschuldungskoeffizient} = \frac{FK}{EK} \cdot 100$$

$$= \frac{900}{300} \cdot 100$$

$$= 300\,\%$$

Der Wert ist gerade noch zulässig; nur die 3 : 1 Regel ist eingehalten.

3. Verhältnis von langfristigem Vermögen zu langfristigem Kapital:

$$\frac{\text{Langfristiges Vermögen}}{\text{Langfristiges Kapital}}$$

$$= \frac{550 + 250}{300 + 400}$$

$$= 1{,}14$$

Der Wert sollte kleiner gleich Eins sein; die Fristenkongruenz ist nicht erfülllt.

4.

$$\text{Deckungsgrad III} = \frac{\text{EK + lfr. FK}}{\text{AV + lfr. UV}}$$

$$= \frac{300 + 400}{550 + 250}$$

$$= 0{,}875$$

Der Wert sollte größer gleich Eins sein (AV und langfristiges Umlaufvermögen sollten langfristig finanziert sein); die Bedingung ist nicht erfüllt.

5.

$$\text{Working Capital} = \text{kfr. UV} - \text{kfr. Verb.}$$

$$= 400 - 500$$

$$= -100$$

Der Wert sollte positiv sein; Bedingung ist nicht erfüllt.

6.

$$\text{Liquidität}_{\text{2. Grades}} = \frac{\text{Fl. Mittel + kfr. Ford.}}{\text{kurzfr. Verb.}} \cdot 100$$

$$= \frac{50 + 50 + 300}{500} \cdot 100$$

$$= 80\ \%$$

Der Wert sollte 100 % erreichen; Bedingung ist nicht erfüllt.

Empfehlungen:
Die Bedingung der Fristenkongruenz ist nicht eingehalten. Daher besteht das permanente Risiko, dass bei Kreditprolongation zum Zeitpunkt der Antragstellung die Ertragskraft und damit die Bonität ungünstig ist; weiterhin können die Kreditkonditionen aufgrund der Marktsituation und/oder der Bonität (Rating) schlecht ausfallen. Aus diesem Grunde ist dem Mandanten eine schrittweise Verbreiterung seiner langfristigen Finanzierungsmittel sowie eine Erweiterung seiner Eigenkapitalbasis zu empfehlen.

Lösung zu Aufgabe 4: Cashflow und Entschuldungsdauer, Rating

	3. Vorjahr Tsd. €	2. Vorjahr Tsd. €	1. Vorjahr Tsd. €	Berichtsjahr Tsd. €
Betriebsergebnis	984	1.378	1.205	2.977
AfA	707	803	827	809
Erhöhung der lfr. Rückstellungen	75	262	73	26
= **Cashflow**	1.766	2.443	2.105	3.812
Steuern vom E u. E/ Privatentnahmen für Steuern	674	440	875	1.206
Gewinnausschüttungen	405	306	506	508
Anzahlungen für Investitionen	300	400	306	308
Tilgungsverpflichtungen	31	31	31	31
= **Verfügbarer Cashflow**	356	1.266	387	1.759
Langfristiges Fremdkapital	1.608	1.638	709	2.059
Kurzfristiges Fremdkapital	3.732	6.056	1.708	3.313
= Bruttoverschuldung	5.340	7.694	2.417	5.372
- Liquide Mittel	767	557	955	1.799
= **Nettoverschuldung**	4.573	7.137	1.462	3.573
= **Entschuldungsdauer (in Jahren) Nettoverschuldung : Verfügbarer Cashflow**	12,8	5,6	3,8	2,0

Dem Unternehmen ist es gelungen, innerhalb von vier Jahren die Entschuldungsdauer von fast 13 Jahren auf zwei Jahre zu senken. Dies ist eine sehr gute unternehmerische Leistung, die den Ratingwert außerordentlich verbessern wird.

Lösung zu Aufgabe 5: Auswertung der Kapitalflussrechnung***

a)

		Tsd. €
	Konzernergebnis	80.000
+	Summe der Abschreibungen/Zuschreibungen	56.000
=	Cashflow (einfachste Berechnungsmethode)	136.000

b) Der Cashflow aus laufender Geschäftstätigkeit betrug 145.000 Tsd. €. Mit ihm konnten die Investitionen in Höhe von 102.000 Tsd. € (20 Tsd. € + 30 Tsd. € + 52 Tsd. €) vollständig abgedeckt werden.

Weiterhin wurde der Cashflow aus laufender Geschäftstätigkeit teilweise zur Tilgung von Finanzkrediten verwendet.

Tsd. €

	Cashflow aus laufender Geschäftstätigkeit	145.000
-	Investitionen	- 102.000
=	Zwischensumme	43.000
-	Teilweise Tilgung von Finanzkrediten	- 43.000
=	Summe	0

c) Der Tilgung von Finanzkrediten (114.000 Tsd. €) stand eine Neuaufnahme von Finanzkrediten in Höhe von 108.000 € gegenüber (Rückführung des Volumens der Fremdmittel).

d) Es liegt eine (geringfügige) Unterfinanzierung vor. Die Veränderung der Zahlungsmittel ist negativ (1.000 Tsd. €).

Lösung zu Aufgabe 6: Bewegungsbilanz

a) **Aussagewert einer Bewegungsbilanz:**

Die Bewegungsbilanz dient der Beurteilung der Finanzierungsvorgänge und der Liquiditätsveränderung. Sie kann als Entscheidungsgrundlage für die Investitionspolitik des Unternehmens herangezogen werden.

b) **Bewegungsbilanz in Kontenform:**

1. Schritt:

Arbeitstabelle zur Ermittlung der Aktiv- und Passivsalden (für die Lösung nicht erforderlich, aber empfehlenswert):

AKTIVA	**Bilanz 1**	**Bilanz 2**	**Saldo**
Maschinen	350.000 €	280.000 €	- 70.000 €
Fuhrpark	75.000 €	60.000 €	- 15.000 €
Vorräte	499.600 €	620.700 €	121.100 €
Forderungen	117.600 €	189.100 €	71.500 €
Flüssige Mittel	50.000 €	37.200 €	- 12.800 €

PASSIVA	**Bilanz 1**	**Bilanz 2**	**Saldo**
Eigenkapital	592.800 €	624.000 €	31.200 €
Pensionsrückstellungen	12.000 €	94.000 €	82.000 €
Darlehen	375.000 €	351.000 €	- 24.000 €
Verbindlichkeiten	112.400 €	118.000 €	5.600 €

2. Schritt:

Erstellung der Bewegungsbilanz: Zuordnung der Veränderungen (Salden) nach Zu-/Abnahme der Aktiva und Zu-/Abnahme der Passiva.

Bewegungsbilanz

Mittelverwendung *Wohin sind die Mittel geflossen?*	Euro	**Mittelherkunft** *Woher stammen die Mittel?*	Euro
Zunahme der Aktiva		**Zunahme der Passiva**	
Vorräte	121.100 €	Eigenkapital	31.200 €
Forderungen	71.500 €	Pensionsrückstellungen	82.000 €
Abnahme der Passiva		Verbindlichkeiten	5.600 €
Darlehen	24.000 €	**Abnahme der Aktiva**	
		Maschinen	70.000 €
		Fuhrpark	15.000 €
		Flüssige Mittel	12.800 €
	216.600 €		216.600 €

c) **Analyse der Bewegungsbilanz:**

- *Mittelverwendung:*
  - Anstieg der Vorräte:
    Das Unternehmen hat deutlich in Vorräte investiert. Der Grund kann in einem erhöhten Auftragsbestand oder in der Erwartung steigender Preise liegen (RHB-Stoffe). Ist der Anstieg der Vorräte durch die Zunahme unfertiger/fertiger Erzeugnisse begründet, ist dies Ausdruck einer verschlechterten Absatzlage.
  - Erhöhung des Forderungsbestandes:
    Die GmbH hat die Zahlungsziele für Kunden verlängert und/oder die Zahlungsmoral der Kunden hat sich verschlechtert und/oder die Umsätze haben expandiert (Zunahme der Forderungen).
  - Darlehen:
    Ein Teil der Finanzmittel wurde zur Tilgung von Darlehen verwendet.
- *Mittelherkunft:*
  - Eigenkapital, Pensionsrückstellungen:
    Das Eigenkapital hat zugenommen (nicht ausgeschütteter Gewinn). Den Pensionsrückstellungen wurden erhebliche Mittel zugeführt. Sie sind überwiegend langfristiges Fremdkapital und haben zum Teil eigenkapitalähnlichen Charakter (Verwendung für Investitionen).
  - Verbindlichkeiten:
    Die Verbindlichkeiten wurden leicht erhöht (Ausschöpfung der Zahlungsziele) und/oder verstärkte Inanspruchnahme von Lieferantenkrediten.
  - Maschinen, Fuhrpark:
    Die Abnahme dieser Aktivposten ist im Rückgang der Abschreibungen begründet.

Lösung zu Aufgabe 7: Kennzahlen (1)

Kennzahlen zur ...

Vermögenslage	Finanzlage	Ertragslage
► Anlagenintensität ► Vorratsintensität ► Arbeitsintensität ► Umlaufintensität ► Forderungsintensität ► Umschlagshäufigkeit - Gesamtvermögen - Sachanlagevermögen - Vorratsvermögen - Forderungen ► Investitionsquote ► Investitionsdeckung ► Abschreibungsquote ► Anlagennutzungsgrad	► Eigenkapital - Entwicklung - Quote ► Verschuldungskoeffizient ► Anlagendeckungsgrad und -finanzierungsgrad ► Liquiditätsrelationen ► Selbstfinanzierungsgrad ► Netto Working Capital	► Betriebserfolg nach betriebswirtschaftlichen Grundsätzen ► Cashflow ► Aufwandsstruktur ► Produktivität ► Rentabilität - Eigenkapitalrentabilität - Gesamtkapital-rentabilität - Umsatzrentabilität ► Return on Investment ► Return on Capital Employed

Lösung zu Aufgabe 8: Jahresabschlussanalyse

Kennzahl		Berechnung	Kommentar
1.	Anlagen-intensität	$\frac{\text{Anlagevermögen}}{\text{Gesamtvermögen}} \cdot 100$ $= \frac{35.426}{45.908} \cdot 100$ $= 77{,}17\ \%$	ist hoch; dies führt zu Inflexibilität und hohen Fixkosten; krisenanfällig bei unzureichender Auslastung der Kapazität.
2.	Vorrats-intensität	$\frac{\text{Vorräte}}{\text{Gesamtvermögen}} \cdot 100$ $= \frac{1.790}{45.908} \cdot 100$ $= 3{,}9\ \%$	ist gering; somit keine hohe Kapitalbindung in den RHB-Stoffen sowie den fertigen/unfertigen Erzeugnissen.

Kennzahl		Berechnung	Kommentar
3.	Umlaufintensität auch: Arbeitsintensität	$\frac{\text{Umlaufvermögen}}{\text{Gesamtvermögen}} \cdot 100$ $= \frac{10.222}{45.908} \cdot 100$ = 22,3 %	ist hoch und hier durch einen hohen Forderungsbestand begründet. Der Forderungsbestand beträgt rd. 50 % des UV.
4.	Forderungsintensität	$\frac{\text{Forderungen}}{\text{Gesamtvermögen}} \cdot 100$ $= \frac{5.152}{45.908} \cdot 100$ = 11,2 %	ist zu hoch; das Unternehmen hat zu hohe Außenstände.
5.	Umschlagshäufigkeit des Kapitals	$\frac{\text{Umsatz}}{\text{Gesamtkapital}}$ $= \frac{27.739}{45.908}$ = 0,6	ist äußerst niedrig; dies führt zu einem hohen Kapitalbedarf und beeinflusst den ROI negativ. Es dauert fast zwei Jahre, bis das Kapital 1-mal umgeschlagen wird.
6.	Kapitalumschlagsdauer in Tagen	$\frac{360}{\text{Umschlagshäufigkeit}}$ $= \frac{360}{0{,}6}$ = 600 Tage	
7.	Umschlagshäufigkeit der Forderungen	$\frac{\text{Umsatz}}{\text{Ø Bestand an Forderungen}}$ $= \frac{27.739}{[(4.829 + 5.152) : 2]}$ = 5,7	Hier ist im Allgemeinen nur ein Vergleich mit branchenüblichen Kennzahlen möglich. Trotzdem erscheint es zulässig, eine durchschnittliche Außenstandsdauer von rd. 63 Tagen als zu hoch zu beurteilen.
8.	Ø Laufzeit der Forderungen	$\frac{360}{\text{Umschlagshäufigkeit}}$ $= \frac{360}{5{,}7}$ = 63 Tage	

Kennzahl		Berechnung	Kommentar
9.	Abschreibungsquote	$\frac{\text{Abschreibungen auf Sachanlagen} \cdot 100}{\text{Endbestand an Sachanlagen}}$ $= \frac{2.349}{29.600} \cdot 100$ = 7,9 %	Die Kennzahl lässt sich nur über mehrere, aufeinander folgender Perioden beurteilen.
10.	Anlagennutzungsgrad	$\frac{\text{Umsatz}}{\text{Sachanlagen}} \cdot 100$ $= \frac{27.739}{29.600} \cdot 100$ = 93,7 %	Diese Kennzahl lässt sich nur im Zeitvergleich über mehrere Jahre beurteilen.
11.	Eigenkapitalquote	$\frac{\text{Eigenkapital}}{\text{Gesamtkapital}} \cdot 100$ $= \frac{11.456}{45.908} \cdot 100$ ≈ 25 %	Die Eigenkapitalquote sollte möglichst hoch sein. Ein Wert von rd. 25 % kann als ausreichend beurteilt werden.
12.	Fremdkapitalquote auch: Anspannungskoeffizient	$\frac{\text{Fremdkapital}}{\text{Gesamtkapital}}$ $= \frac{34.076}{45.908} \cdot 100$ = 74,2 %	Bonitätsgröße – je nach Größe und Branche des Unternehmens.
13.	Verschuldungskoeffizient auch: Verschuldungsgrad	$\frac{\text{Fremdkapital}}{\text{Eigenkapital}}$ $= \frac{34.076}{11.456}$ = 2,9	Kennzahl der Banken bei der Kreditwürdigkeitsprüfung; **1 : 3 -Regel:** FK : EK ≤ 3 ist erfüllt; Gilt als *noch zulässig*.

Kennzahl		Berechnung	Kommentar
14.	Liquidität 1. Grades auch: Barliquidität	$\frac{\text{Flüssige Mittel}}{\text{Kurzfristige Verbindlichkeiten}} \cdot 100$ $= \frac{2.680}{12.121} \cdot 100$ $= 22{,}1\ \%$	Kann unter 100 % liegen. Barliquidität ist vorhanden, aber unbefriedigend.
15.	Liquidität 2. Grades auch: Einzugsliquidität	$\frac{\text{Flüssige Mittel + kurzfr. Forder.}}{\text{Kurzfristige Verbindlichkeiten}} \cdot 100$ $= \frac{(2.680 + 5.752)}{12.121} \cdot 100$ $= 69{,}6\ \%$	Soll 100 % erreichen. Forderung ist nicht erfüllt; Situation ist bedenklich.
16.	Liquidität 3. Grades auch: Umsatzliquidität	$\frac{\text{Fl. Mittel + kurzfr. Ford. + Vorräte}}{\text{Kurzfristige Verbindlichkeiten}} \cdot 100$ $= \frac{(2.680 + 5.752 + 1.790)}{12.121} \cdot 100$ $= 84\ \%$	Soll 200 % erreichen. Forderung ist nicht annähernd erfüllt; Situation ist äußerst bedenklich.
17.	Working Capital*	(Kurzfristiges) Umlaufvermögen - Kurzfristige Verbindlichkeiten = 10.222 - 12.121 = - 1.899 * auch definiert als UV - kfr. Verbindlichkeiten	Soll positiv sein. Forderung ist nicht erfüllt. Das Working Capital sollte möglichst 30 bis 50 % des UV betragen. Forderung ist nicht erfüllt. Auch wenn die Vorräte zum langfristigen UV gerechnet werden (Sicherheitsbestand), führt dies zu keinem anderen Ergebnis.
18.	Goldene Bilanzregel I Deckungsgrad I	$\frac{EK}{AV} \cdot 100 \geq 100\ \%$ $= \frac{11.456}{35.426}$ $= 32{,}3\ \%$	AV soll zu 100 % durch EK gedeckt sein. Forderung ist nicht annähernd erfüllt.

Kennzahl		Berechnung	Kommentar
19.	Goldene Bilanzregel II Deckungsgrad II	$\frac{EK + langfr.\ FK}{AV} \geq 1$ $= \frac{11.456 + 21.955^*}{35.426}$ = 0,94	AV soll zu 100 % langfristig finanziert sein. Forderung ist nicht erfüllt. * inkl. Rückstellungen
20.	Goldene Bilanzregel III Deckungsgrad III	$\frac{EK + langfr.\ FK}{AV + langfr.\ UV} \geq 1$ $= \frac{11.456 + 21.955}{(35.426 + 1.790)}$ = 0,898	AV + lfr. UV sollen zu 100 % langfristig finanziert sein. Forderung ist nicht erfüllt.
21.	Cashflow im engeren Sinne	= Jahresüberschuss + Abschreibungen - Zuschreibungen zum AV = 126 + 2.349 - 1.400 = 1.075	Die Kennzahl kann nur im Vergleich über mehrere Jahre oder mit einer branchentypischen Größe beurteilt werden.
22.	Cashflow Umsatzrate	$\frac{Cashflow}{Umsatz} \cdot 100$ $= \frac{1.075}{27.739} \cdot 100$ = 3,9 %	Für ein Produktionsunternehmen ist die Kennzahl unbefriedigend.
23.	Schuldentilgungsdauer (in Jahren)	$\frac{Fremdkapital - flüssige\ Mittel}{Cashflow} \cdot 100$ $= \frac{34.076 - 2.680}{1.075}$ ≈ 29 Jahre	Empfehlung: FK : Cashflow ≤ 3,5. Die finanzielle Leistungsfähigkeit ist absolut unbefriedigend.
24.	Investitions-Innenfinanzierungsgrad	$\frac{Cashflow}{Nettoinvestitionen} \cdot 100$ $= \frac{1.075}{5.700} \cdot 100$ = 18,9 %	Die Nettoinvestitionen (Erweiterungsinvestitionen) können nur zu rd. 19 % aus eigenen Mitteln finanziert werden; dies ist unbefriedigend und kritisch.

Kennzahl		Berechnung	Kommentar
25.	Selbst-finanzierungs-grad	$\frac{\text{Gewinnrücklagen}}{\text{Eigenkapital}} \cdot 100$ oder $\frac{\text{Gewinnrücklagen}}{\text{Gesamtkapital}} \cdot 100$ $= \frac{2.250}{11.456} \cdot 100$ = 19,6 % $= \frac{2.250}{45.908} \cdot 100$ = 4,9 %	Der Selbstfinanzierungs-grad ist – insbesondere auf das Gesamtkapital bezogen – zu niedrig.
26.	Personal-intensität	$\frac{\text{Personalaufwand}}{\text{Gesamtaufwand}} \cdot 100$ $= \frac{11.232}{30.485} \cdot 100$ = 36,8 %	Genauere Aussagen lassen sich nur im Zeitvergleich bzw. im Branchenvergleich machen.
27.	Ø Personal-aufwand	$\frac{\text{Personalaufwand}}{\text{Ø Anzahl der Beschäftigten}}$ $= \frac{11.232}{208}$ = 54 €/Mitarbeiter	Der durchschnittliche Personalaufwand pro Mitarbeiter beträgt 54.000 €/p. a. Daraus ergibt sich ein Ø Brutto-stundenlohn pro Mitarbeiter von 19,05 €.
28.	Material-intensität auch: Material-aufwands-quote	$\frac{\text{Materialaufwand}}{\text{Gesamtaufwand}} \cdot 100$ $= \frac{12.053}{30.485} \cdot 100$ = 39,5 %	Genauere Aussagen lassen sich nur im Zeitvergleich bzw. im Branchenvergleich machen.

Kennzahl		Berechnung	Kommentar
29.	Abschreibungsintensität	$\frac{\text{Abschreibungsaufwand}}{\text{Gesamtaufwand}} \cdot 100$ $= \frac{2.349}{30.485} \cdot 100$ $= 7{,}7\ \%$	Genauere Aussagen lassen sich nur im Zeitvergleich bzw. im Branchenvergleich machen.
30.	Wirtschaftlichkeit	$\frac{\text{Ertrag*}}{\text{Aufwand*}}$ $= \frac{29.511}{30.485}$ $= 0{,}97$	Die Metallbau GmbH arbeitet unwirtschaftlich. * nur betriebsbedingt
31.	Eigenkapitalrentabilität ► nach Steuern ► vor Steuern	$\frac{\text{Gewinn}}{\text{Eigenkapital}} \cdot 100$ $= \frac{126}{11.456} \cdot 100$ $= 1{,}1\ \%$ $= \frac{265}{11.456} \cdot 100$ $= 2{,}3\ \%$	Die interne Verzinsung des EK ist völlig unakzeptabel. Sie sollte über dem Marktzins für langfristige Anlagen liegen.
32.	Gesamtkapitalrentabilität ► nach Steuern ► vor Steuern	$\frac{\text{Gewinn + Fremdkapitalzinsen}}{\text{Gesamtkapital}} \cdot 100$ $= \frac{126 + 1.959}{45.908} \cdot 100$ $= 4{,}5\ \%$ $= \frac{265 + 1.959}{45.908} \cdot 100$ $= 4{,}8\ \%$	Die interne Verzinsung des GK ist noch akzeptabel aber nicht befriedigend. Sie sollte über dem Marktzins für langfristige Anlagen liegen.

Kennzahl		Berechnung	Kommentar
33.	Umsatz- rentabilität	$\frac{\text{Gewinn}}{\text{Umsatz}} \cdot 100$ $= \frac{126}{27.739} \cdot 100$ $= 0{,}45\ \%$ oder $\frac{\text{Gewinn + FK-Zinsen}}{\text{Umsatz}} \cdot 100$ $= \frac{126 + 1.959}{27.739} \cdot 100$ $= 7{,}5\ \%$	Der Wert ist nicht ausreichend. Genauere Aussagen lassen sich nur im Zeitvergleich bzw. im Branchenvergleich machen. Bei Berücksichtigung der Fremdkapitalzinsen wird der Einfluss der Kapitalstruktur (EK : FK) ausgeschaltet.
34.	ROI Return on Investment	$\frac{\text{Return*}}{\text{Umsatz}} \cdot \frac{\text{Umsatz}}{\text{investiertes Kapital}} \cdot 100$ = Umsatzrendite • Kapitalumschlag $= \frac{126 + 1.959}{27.739} \cdot \frac{27.739}{45.908} \cdot 100$ $= 7{,}5 \cdot 0{,}6 \cdot 100$ $= 4{,}5\ \%$ * Return = Gewinn + FK-Zinsen	Der ROI von 4,5 % (= Gesamtkapitalrentabilität) ist nicht hinreichend; im Allgemeinen liegt der angestrebte Wert für den ROI bei 10 bis 15 % für KMU. Begründet ist der niedrige Wert durch den geringen Kapitalumschlag (vgl. Kennzahl 5). Eine erweiterte Aussage ist nur im Vergleich mit ► mit einem Plan-ROI, ► mit Vorjahreswerten oder ► mit einem Branchenwert möglich.

b) Beispiele für taktische Maßnahmen zur Verbesserung der Vermögens-, Finanz- und Ertragslage der Metallbau GmbH (es gibt hier keine Musterlösung):

Sachverhalt (Beurteilung)	**Taktische Empfehlung**
Anlagen- und Umlaufintensität sind zu hoch.	Verkauf nicht genutzter Anlagen und Senkung der Außenstände durch Forderungsmanagement. Senkung der Ø Laufzeit der Forderungen auf durchschnittlich 30 Tage. Dadurch: Verringerung der Kapitalbindung, Verbesserung der Liquidität und Senkung des Zinsaufwands für FK.
Die Kapitalumschlagshäufigkeit ist zu niedrig.	Verbesserung der Umsatzerlöse durch geeignete Maßnahmen (Produkt-, Programmpolitik, Marketing, Mengen- und Preispolitik). Senkung der Kapitalbindung – insbesondere durch Reduzierung der Außenstände (vgl. Sachverhalt 1).
Die Liquidität ist bedenklich bis angespannt. Goldene Bilanzregeln und goldene Bankregel sind nicht erfüllt. Das Prinzip der Fristenkongruenz ist verletzt.	Rückführung des Fremdkapitals und Umschichtung von kurzfristigen zu langfristigem Fremdkapital in Verbindung mit einer Konditionenverbesserung.
Das Unternehmen arbeitet unwirtschaftlich. Der ROI ist unbefriedigend.	Verbesserung der betriebsbedingten Aufwands-Ertrags-Relation durch effektives Kostenmanagement. Der Rohertrag erscheint zufriedenstellend (Materialaufwandsquote = 40,8 %). Daher müssen insbesondere der Personalaufwand sowie der sonstige betriebliche Aufwand gesenkt werden. Ein ROI von mindestens 10 % ist anzustreben.

c) Betriebliche Wertschöpfung der Metallbau GmbH.

Umsatzerlöse		27.739
+	Bestandsveränderungen	548
+	Aktivierte Eigenleistungen	630
+	Sonstige betriebliche Erträge	594
=	Produktionswert	29.511

	Produktionswert	29.511
-	Vorleistungen	30.485
=	Wertschöpfung	- 974

Materialkosten		12.053
+	Personalkosten	11.232
+	Kapitalkosten	1.959
+	Abschreibungen	2.349
+	Sonstige Kosten	2.892
=	Vorleistungen	30.485

Die Wertschöpfung der Metallbau GmbH ist negativ.

Lösung zu Aufgabe 9: Cashflow-Rate

	Jahresüberschuss	203.600
+	AfA Sachanlagen	381.500
+	AfA Finanzanlagen	24.400
-	Rücklagen, Auflösung	- 10.800
-	Rückstellungen, Auflösung	- 400.300
=	**Cashflow**	**198.400**

Cashflow-Rate	= Cashflow : Ø Gesamtkapital • 100
	= 198.400 : 13.650.050 • 100
	= 1,45 %

Lösung zu Aufgabe 10: Kennzahlen (2)

a)

$$\text{Anspannungskoeffizient} = \frac{\text{Fremdkapital}}{\text{Gesamtkapital}} \cdot 100$$

$$= \frac{4{,}0}{5{,}4} \cdot 100$$

= 74,07 %

$$\text{Anlagenintensität} = \frac{\text{Anlagevermögen}}{\text{Gesamtkapital}} \cdot 100$$

$$= \frac{2{,}0}{5{,}4} \cdot 100$$

= 37,03 %

$$\text{Eigenkapitalrentabilität} = \frac{\text{Gewinn}}{\text{Eigenkapital}} \cdot 100$$

$$= \frac{0{,}31}{1{,}4} \cdot 100$$

= 22,14 %

$$\text{Gesamtkapitalrentabilität} = \frac{(\text{Gewinn} + \text{Fremdkapitalzinsen})}{\text{Gesamtkapital}} \cdot 100$$

$$= \frac{(0{,}31 + 0{,}5)}{5{,}4} \cdot 100$$

$$= 15\ \%$$

b)

$$\text{ROI} = \frac{(\text{Gewinn} + \text{FK-Zinsen})}{\text{Umsatz}} \cdot \frac{\text{Umsatz}}{\text{inv. Kapital}}$$

$$= \frac{(0{,}31 + 0{,}5)}{4{,}2} \cdot \frac{4{,}2}{(4{,}0 + 1{,}4)} \cdot 100$$

$$= 15\ \%$$

Verbesserung des Gewinns (der Umsatzrendite) z. B. durch:

- Kostenreduktion (z. B. Wareneinsatz-, Kostenreduzierung)

Verbesserung des Kapitalumschlags z. B. durch:

- Senkung der Kapitalbindung (z. B. Erhöhung des Lagerumschlags, Senkung der Forderungsaußenstände, Erhöhung der Verbindlichkeiten)

Lösung zu Aufgabe 11: Erfolgsspaltung***

Im Folgenden ist die Grundstruktur der GuV am Beispiel des Gesamtkostenverfahren nach § 275 Abs. 3 HGB dargestellt. Damit werden die Erfolgsquellen der Metallbau GmbH sichtbar.

	Betriebliche Erträge	29.511	100,0 %[1]	
-	Materialaufwand	12.053	40,8 %	
=	**Rohertrag**	**17.458**		
-	Personalaufwand	11.232	60,9 %	
-	Abschreibungen	2.349	12,7 %	
-	Zinsaufwendungen	1.959	10,6 %	
-	Sonstiger betrieblicher Aufwand	2.892	15,7 %	
=	**Ordentliches Betriebsergebnis**	**- 974**	100,0 %[2]	Gesamtaufwand
+	**Finanzergebnis**	609		
=	**Ergebnis der gewöhnlichen Geschäftstätigkeit**	**- 365**		
+	Außerordentliches Ergebnis	630		
-	Steuern	139		
=	**Gesamtergebnis**	**126**	0,43 %	der Erträge

[1] Die Prozentangaben sind nicht erforderlich.

[2] Rundungsdifferenzen

- Die Materialeinsatzquote ist mit 40,8 % für ein Produktionsunternehmen durchaus branchenüblich. Dies gilt ebenso für den Personalaufwand mit 60,9 % vom Gesamtaufwand.
- Der Aufwand für Abschreibungen beträgt 10,6 % vom Gesamtaufwand. Dies lässt darauf schließen, dass das Alter der Anlagen im Durchschnitt gering ist.
- Die Zinsaufwendungen sind erheblich und betragen 10,6 % des Gesamtaufwands bzw. 6,6 % der Umsatzerlöse.
- Der sonstige betriebliche Aufwand beträgt 15,7 % des Gesamtaufwands. Er ist zu hoch und lässt mangelnde Kostendisziplin vermuten.
- Das Betriebsergebnis ist negativ in Höhe von rd. 1 Mio. €.
- Ein positives Gesamtergebnis ergibt sich nur aufgrund des Finanzergebnisses und des außerordentlichen Ergebnisses. Die Umsatzrendite beträgt 0,43 % und ist für ein Produktionsunternehmen völlig unzureichend.
- Weitergehende Aussagen sind nur im Vergleich mit Vorjahren möglich.

Lösung zu Aufgabe 12: Finanzergebnis

Bestandteile des Finanzergebnisses, z. B.:

- Zinsen und ähnliche Erträge
- Zinsen und ähnliche Aufwendungen
- Beteiligungserträge
- Erträge aus Gewinnabführungsverträgen
- Aufwendungen aus Übernahmen
- Erträge aus Wertpapieren.

2. Investition

2.1 Investitionsplanung

Lösung zu Aufgabe 1: Investitionsplanung, -vorbereitung und -kontrolle

a) Im Rahmen von Investitionsrechnungsverfahren sind vor allem Prognosen über zukünftige Kosten, Absatzmengen, Verkaufs-/Einkaufspreise (Einnahmen/Ausgaben), Entwicklungen am Kapitalmarkt, Wiederbeschaffungswerte, technologische Entwicklung sowie Nutzungsdauer der Anlage erforderlich.

   Prognosen sind generell mit Unsicherheit behaftet, da sie unterstellen, dass die Grundstrukturen der Vergangenheit in der Zukunft weiterhin Gültigkeit haben. Dies bezieht sich z. B. auf folgende Variablen: Wettbewerb auf den Absatz-/Beschaffungsmärkten, Bedingungen auf dem Kapitalmarkt, allgemeine konjunkturelle Entwicklung auf dem regionalen Markt/auf dem Weltmarkt.

b) Man versucht, dieser relativen Unsicherheit der Prämissen dadurch zu begegnen, indem z. B.

   - unterschiedliche Investitionsrechnungsverfahren parallel eingesetzt und die Ergebnisse in einer Gesamtbetrachtung analysiert werden
   - Best-case-/Worst-case-Betrachtungen angestellt werden
   - die Rechenverfahren mit alternativen Prämissen durchgeführt werden
   - zusätzlich zu den quantitativen Verfahren der Investitionsrechnung qualitative Verfahren wie z. B. die Nutzwertrechnung zur Beurteilung herangezogen werden.

c) Das Unternehmen sollte bei Investitionsvorhaben folgende Fehler vermeiden:

   - Investitionsvorhaben als Routineangelegenheit betrachten,
   - unsystematischer Ablauf des Entscheidungsprozesses.
   - Es werden lediglich statische Investitionsrechenverfahren eingesetzt.
   - Die Erwartungen sind zu optimistisch (keine Worst-case-Betrachtung).
   - Es werden lediglich quantitative Messgrößen betrachtet; qualitative fehlen.

d) Qualitative Beurteilungskriterien

   1. **Wirtschaftliche Betrachtungsgrößen**, z. B.:
      Garantieleistung, Kulanz und Zuverlässigkeit des Herstellers, Kundendienst des Herstellers (Kosten, Erreichbarkeit), Nutzungsdauer der Anlage, steuerliche Aspekte (z. B. Abschreibungssatz, steuerliche Vorteile des Staates), Risiken der Investition (z. B. langfristige Entscheidung, langfristige, hohe Kapitalbildung, Gefahr der Überalterung), Ermittlung des optimalen Ersatzzeitpunktes (Timing)

   2. **Technische Betrachtungsgrößen**, z. B.:
      Stand der Technik der Anlage, Kosten der Instandhaltung (Störanfälligkeit), Leistungsdaten der Anlage, Dimension der Anlage, Kapazitätsreserven, im Betrieb

vorhandene Energieversorgung, Genauigkeitsgrad, technische Daten, Anpassung an vorhandene Anlagen (Prozessintegration)

3. **Rechtliche Betrachtungsgrößen**, z. B.:
   Umweltverträglichkeit, z. B. Emissionen, Arbeitsschutz-/Arbeitssicherheitsaspekte, technische Vorschriften, Lieferzeit

Lösung zu Aufgabe 2: Ermittlung des Kapitalbedarfs bei Neugründung (1)

a) Nebenrechnungen:

1. Bei einem Lagerumschlag LU von 15 und 360 Tagen p. a. ergibt sich eine durchschnittliche Lagerdauer des Materiallagers von

$$\frac{360 \text{ Tage}}{\text{LU}}$$

$$= \frac{360 \text{ Tg.}}{15}$$

$$= 24 \text{ Tage}$$

2. Das durchschnittliche Kundenziel wird ermittelt, indem die unterschiedlichen Tage x_i mit den Prozentangaben gi gewichtet und durch die Summe der Gewichte dividiert werden:

$$g_i\,[\%] \cdot x_i\,[\text{Tg.}]$$

	30 % • 30 Tage	=	900	
+	40 % • 40 Tage	=	1.600	
+	30 % • 60 Tage	=	1.800	
=	$\sum g_i x_i$	=	4.300	
→	$\sum g_i x_i : \sum g_i$	=	4.300 : 100	= 43 Tage
	∅ Kundenziel	=	43 Tage	

Skizze der Zeitangaben:
(nicht maßstabsgerecht; für die Lösung nicht erforderlich):

Materiallager	Fertigung	Lager FE	∅ Kundenziel
24 Tage	**30 Tage**	**10 Tage**	**43 Tage**

Lieferantenziel
20 Tage

Berechnung des durchschnittlichen Kapitalbedarfs für das Umlaufvermögen (elektive Methode):

	Tage		*Wert*		
Ø Materialeinsatz:	[(24 - 20) + 30 + 10 + 43]	•	2.500 €	=	217.500 €
Ø Fertigungslohneinsatz:	30 + 10 + 43	•	15.000 €	=	1.245.000 €
Ø Gemeinkosteneinsatz:	24 + 30 + 10 + 43	•	5.000 €	=	535.000 €
Summe:				=	**1.997.500 €**

b) Berechnung des Gesamtkapitalbedarfs:

Ø Kapitalbedarf für das Umlaufvermögen:	1.997.500 €
Kapitalbedarf des Anlagevermögens:	650.000 €
Kapitalbedarf für Gründung und Ingangsetzung:	50.000 €
Gesamtkapitalbedarf	**2.697.500 €**

c) Der Sicherheitsbestand (auch: eiserner Bestand, Mindestbestand, Reservebestand) ist der Bestand an Materialien, der normalerweise nicht zur Fertigung herangezogen werden darf. Er ist ein Puffer, der die Leistungsbereitschaft des Unternehmens bei Ausfällen gewährleisten soll. Die Größe richtet sich nach dem Durchschnittsverbrauch an Materialien innerhalb eines bestimmten Zeitraums. Entsprechend dem Prinzip der Fristenkongruenz ist der Sicherheitsbestand (= langfristiges Umlaufvermögen) langfristig zu finanzieren. Dies kommt auch in der Goldenen Bilanzregel (Deckungsgrad III) zum Ausdruck:

Goldene Bilanzregel III **Deckungsgrad III**	$\frac{\text{EK + langfristiges FK}}{\text{AV + langfristiges UV}} \geq 1$	AV + langfristiges UV sollen zu 100 % langfristig finanziert sein.

d) Die zusätzliche Fremdfinanzierung kann folgende Konsequenzen haben:

- Für die Aufnahme weiterer Mittel müssen zusätzliche Sicherheiten gestellt werden.
- Der Grad der Verschuldung erhöht sich; dies kann zu einem verschlechterten Rating und damit zu schlechteren Kreditkonditionen führen.
- Der erhöhte Kapitaldienst aufgrund des Zusatzkredits verschlechtert die Erlössituation in der Zweigniederlassung und damit die Liquidität.
- Ist die Gesamtkapitalrendite kleiner als der Fremdkapitalzins verschlechtert sich die Eigenkapitalrendite (negativer Leverage-Effekt).

e) Schwachstellen des Modells der Kapitalbedarfsrechnung:

Das Modell der Kapitalbedarfsrechnung enthält eine Reihe von Schwachstellen und kann daher nie mehr sein als eine Näherungsrechnung. Die „Variablen" sind insbesondere z. B.:

- Veränderung der Preise
- Veränderung der Kosten und der Kostenstruktur
- mangelnde Kapazitätsauslastung führt zu Leerkosten
- Absatzprobleme
- Verzögerungen in der Fertigung.

f) Möglichkeiten zur Senkung des Kapitalbedarfs, z. B.:

- Leasing der Anlagen statt Kauf
- Factoring
- Lieferantenziel verlängern
- Just-in-Time-Anlieferung
- Optimierung der Produktions- und Absatzplanung zur Reduzierung des Fertigwarenlagers.

Lösung zu Aufgabe 3: Ermittlung des Kapitalbedarfs bei Neugründung (2)

a) **I. Ermittlung des Kapitalbedarfs für das Anlagevermögen:**

- Grundstück	340.000 €
+ Gebäude	360.000 €
+ Maschinen	1.200.000 €
+ Patente/Lizenzen	620.000 €
= Anlagevermögen	2.520.000 €

b) bis d)

II. Kapitalbedarf für das Umlaufvermögen

Kapitalbedarf für das Fertigungsmaterial:

durchschnittliche Lagerdauer der Rohstoffe	20 Tage	
+ durchschnittliche Produktionszeit	8 Tage	
+ durchschnittliche Lagerdauer der Fertiggeräte	25 Tage	
+ durchschnittliches Zahlungsziel der Kunden	30 Tage	
- durchschnittliches Zahlungsziel beim Lieferanten	30 Tage	
=	53 Tage	
53 Tage • 6.000 € Materialkosten		= 318.000 €

Kapitalbedarf der Materialgemeinkosten:

durchschnittliche Lagerdauer der Rohstoffe	20 Tage	
+ durchschnittliche Produktionszeit	8 Tage	
+ durchschnittliche Lagerdauer der Fertigprodukte	25 Tage	
+ durchschnittliches Zahlungsziel der Kunden	30 Tage	
=	83 Tage	
83 Tage • 6.000 € MK • 25 % Materialgemeinkostensatz		= 124.500 €

Kapitalbedarf für das Fertigungspersonal

durchschnittliche Produktionszeit	8 Tage
+ durchschnittliche Lagerdauer der Fertigprodukte	25 Tage
+ durchschnittliches Zahlungsziel der Kunden	30 Tage
=	63 Tage

63 Tage • 4.500 €	Fertigungslohnkosten	= 283.500 €

Kapitalbindung Fertigungsgemeinkosten:

63 Tage • 4.500 € FLK • 200 %	Fertigungsgemeinkostensatz	
• 65 %		= 368.550 €

Kapitalbindung Verwaltungs- und Vertriebsgemeinkosten:

Fertigungsmaterialkosten	318.000 €
+ Materialgemeinkosten	124.500 €
+ Fertigungslohnkosten	283.500 €
+ Fertigungsgemeinkosten	368.550 €
= Herstellkosten	1.094.550 €

davon 10 %	Verwaltungs- und Vertriebs- Gemeinkostensatz	= 109.455 €

Kapitalbedarf, gesamt:

Anlagevermögen	2.520.000 €
+ Umlaufvermögen	1.204.005 €
= Kapitalbedarf	3.724.005 €

Lösung zu Aufgabe 4: Bedeutung der Investitionstätigkeit

a) Bedeutung für den Kapitaleigner:
Investitionen sind Mittelverwendungen für betriebliche Zwecke. Der Betrieb muss sicherstellen, dass die Betriebsmittel so gestaltet sind, dass die Ziele erreicht werden können. Dazu gehört z. B., dass rechtzeitig erkannt wird, wann Ersatz- oder Neuinvestitionen erforderlich sind, um die Wettbewerbsfähigkeit zu sichern. Investitionen werden nach den Gesichtspunkten

- der Liquidität,
- der Sicherheit und
- der Rentabilität

beurteilt.

b) Bedeutung für die Produktionstechnik:

Die Art der Investition bestimmt u. a.

- den Grad der Spezialisierung,
- den Automationsgrad,
- den Energieverbrauch und
- die Arbeitsgeschwindigkeit

der Betriebsmittel.

c) Bedeutung für die Mitarbeiter:

Die Art der Investition bestimmt u. a.

- die Monotonie der Arbeit,
- den Grad der Arbeitsteilung,
- den Grad der Arbeitszufriedenheit,
- den Interaktionsspielraum zwischen den Arbeitern,
- das Maß an Stress bei der Arbeitsausführung und
- den Grad der Eigen-/Fremdbestimmung.

Lösung zu Aufgabe 5: Investitionsformen (1)

	Neue, zusätzliche Fertigungsstraße	**Lkw (Ende der Nutzungsdauer)**	**Finanzielle Beteiligung**
Sachinvestition	x	x	
Finanzinvestition			x
immaterielle Investition			
Nettoinvestition	x		
Ersatzinvestition		x	
Rationalisierungsinvestition			x

Lösung zu Aufgabe 6: Investitionsformen (2)

Investitionsformen		
Merkmal	**Bezeichnung**	**Beispiele**
Investitionsobjekt	**Sachinvestitionen**	
	Beschaffung von Sachanlagevermögen und Sachgütern (Teile des Umlaufvermögens)	Grundstücke, Gebäude, Maschinen, Anlagen, Vorräte, Werkzeuge
	Finanzinvestitionen	
	Beschaffung von Forderungs- oder Beteiligungsrechten	Wertpapiere, Aktien, Geschäftsanteile, Rentenpapiere, Obligationen
	Immaterielle Investitionen	Ausgaben für folgende Bereiche:
	Ausgaben zur Stärkung der Wettbewerbsfähigkeit; Kapitalrückfluss ist nicht direkt zu ermitteln	► Personalentwicklung ► Sozialwesen ► F & E-Marketing

Investitionsformen			
Merkmal	**Bezeichnung**		**Beispiele**
Investitions-zweck	**Nettoinvestitionen**		erstmalig
		Gründungsinvestitionen	bei Gründung/Kauf
		Erweiterungsinvestitionen	Schaffung zusätzlicher Kapazitäten
	Reinvestitionen		Wiederholung
		Ersatzinvestitionen	Beschaffung von Investitionsgütern gleicher Art
		Rationalisierungs-investitionen	Beschaffung von Investitionsgütern mit verbesserter Technologie
		Umstellungsinvestitionen	Mengenmäßige Veränderung in der Fertigung
		Diversifizierungsinvestitionen	Veränderung im Fertigungsprogramm
		Sicherungsinvestitionen	zur Existenzabsicherung, z. B. Beteiligung, Unternehmenserwerb, Erschließung neuer Absatzmärkte
	Bruttoinvestitionen = Nettoinvestitionen + Reinvestitionen		

Lösung zu Aufgabe 7: Investition, Planungsphasen

1	**Anregung/Initiative**	Auslöser, z. B.:
	↓	► Gesetzgeber ► Wettbewerb ► Fertigungswirtschaft ► Absatzwirtschaft
2	**Investitionsbeschreibung**	► Problembeschreibung
	↓	► Investitionsbegründung ► Vor- und Nachteile ► Dringlichkeit des Vorhabens
3	**Zielsetzung festlegen**	► Quantitative Ziele
	↓	- Gewinn - Kosten - Rentabilität - Amortisation - interner Zinsfuß - Annuität ► Qualitative Ziele - wirtschaftlich - technisch - sozial - rechtlich

4	**Begrenzungsfaktoren festlegen**	► wirtschaftlich
	↓	► technisch ► sozial ► rechtlich
5	**Investitionskriterien ermitteln**	► Quellen:
	↓	- Kataloge, Preislisten - Angebote usw. ► Methoden: - Brainstorming - Methode 635
6	**Vorauswahl treffen**	► wirtschaftlich
	↓	► technisch ► sozial ► rechtlich
7	**Investitionsalternativen bewerten**	► Statische Investitionsrechenverfahren
	↓	► Dynamische Investitionsrechenverfahren ► Nutzwertanalyse ► Kritische-Werte-Rechnung ► Break-even-Analyse
8	**Vorteilhafteste Investition ermitteln**	Rangfolge bilden
	↓	
9	**Investition realisieren**	► Fachabteilung
	↓	► Investitionsplanung ► Unternehmensleitung
10	**Investition kontrollieren**	Zeitpunkt:
		► nach Inbetriebnahme ► am Ende der Amortisationszeit ► am Ende der wirtschaftlichen Nutzungsdauer ► bei Auftreten größerer Reparaturen

Quelle: in Anlehnung an: *Olfert*: Investition, Kompendium, S. 384 f.

2.2 Finanzmathematische Grundlagen; Rentenberechnung

Lösung zu Aufgabe 1: Zinseszinsberechnung, Aufzinsung

Aufzinsung:

Ende des

1. Jahres: $K_1 = 500{,}00 + \frac{500{,}00 \cdot 6}{100}$
$= 530{,}00$

2. Jahres: $K_2 = 530{,}00 + \frac{530{,}00 \cdot 6}{100}$
$= 561{,}80$

3. Jahres: $K_3 = 561{,}80 + \frac{561{,}80 \cdot 6}{100}$
$= 595{,}51$

Allgemein

$$K_1 = K_0 + \frac{K_0 \cdot p}{100} = K_0 \cdot (1 + \frac{p}{100})$$

$$K_2 = K_1 + \frac{K_1 \cdot p}{100} = K_1 \cdot (1 + \frac{p}{100}) = K_0 \cdot (1 + \frac{p}{100})^2$$

$$K_n = K_0 \cdot (1 + \frac{p}{100})^n$$

Man setzt:

$$i = \frac{p}{100}$$

i ist der Zinssatz p in Dezimalform
z. B.: $p = 6\ \%$ → $i = 0{,}06$

→

$$K_n = K_0 \cdot (1 + i)^n$$

Man setzt: $q = 1 + i$

Man bezeichnet $q^n = (1 + i)^n$ als **Aufzinsungsfaktor**.

$\rightarrow$ $K_n = K_0 \cdot q^n$

$= 500 \cdot 1{,}06^3$

$= 500 \cdot 1{,}191016$

$= 595{,}51$ €

Die Aufzinsungsfaktoren können für alternative Jahre n und alternative Zinssätze p den Tabellenwerken entnommen werden. Für n = 3 und p = 6 ergibt sich $q^n = 1{,}191016$.

6,0 % n	q^n	$\frac{1}{q^n}$	$\frac{q-1}{q^n-1}$	$\frac{q^n(q-1)}{q^n-1}$	$\frac{q^n-1}{q-1}$	$\frac{q^n-1}{q^n(q-1)}$
1		0,943396	1,000000	1,060000	1,000000	0,943396
2		0,889996	0,485437	0,545437	2,060000	1,833393
3		0,839619	0,314110	0,374110	3,183600	2,673012
4		0,792094	0,228592	0,288591	4,374616	3,465106
5		0,747258	0,177396	0,237396	5,637093	4,212364
...		...	...	...	...	...

Daraus folgt: $K_3 = 500$ € $\cdot 1{,}191016 = 595{,}51$ €.

Lösung zu Aufgabe 2: Zinseszinsberechnung, Abzinsung

Man bezeichnet den Ausdruck

$$\frac{1}{q^n} = q^{-n} = \frac{1}{(1+i)^n}$$

als **Abzinsungsfaktor.**

$$K_0 = K_n \cdot \frac{1}{q^n}$$

$= 595{,}51 \cdot \frac{1}{1{,}06^3}$

$= 500$ €

Für n = 3 und p = 6 erhält man aus dem Tabellenwerk einen Abzinsungsfaktor von 0,839619.

6,0 % n	q^n	$\frac{1}{q^n}$	$\frac{q-1}{q^n-1}$	$\frac{q^n(q-1)}{q^n-1}$	$\frac{q^n-1}{q-1}$	$\frac{q^n-1}{q^n(q-1)}$
1	1,060000	[illegible]	1,000000	1,060000	1,000000	0,943396
2	1,123600	[illegible]	0,485437	0,545437	2,060000	1,833393
3	1,191016	0,839619	0,314110	0,374110	3,183600	2,673012
4	1,122477	0,792094	0,228592	0,288591	4,374616	3,465106
5	1,338226	0,747258	0,177396	0,237396	5,637093	4,212364
...	...		...	...	...	...

Bei einem Endkapital von 595,51 € ergibt dies einen Barwert von 500 €.

Lösung zu Aufgabe 3: Unterjährige Verzinsung (einfache Zinsen)

Sind die Zinsen Z eines Kapitals K bei einem Zinssatz p für den Bruchteil eines Jahres (T : 360) zu berechnen, so wird die einfache Zinsformel Z = K • p : 100 mit dem Quotienten T : 360 gewichtet (T = Tage; das Jahr wird vereinfacht mit 360 Tagen gerechnet).

$$Z = \frac{K \cdot p \cdot T}{100 \cdot 360}$$

$$= \frac{500 \cdot 6 \cdot 210}{100 \cdot 360}$$

= 17,50 €

Lösung zu Aufgabe 4: Rentenberechnung

a) Im Gegensatz zum allgemeinen Sprachgebrauch bezeichnet man in der Finanzmathematik nicht nur *regelmäßige Auszahlungen*, sondern auch *regelmäßige Einzahlungen* als Renten. Im Regelfall wird als gleichbleibender Zeitabstand der Einzahlungen/Auszahlungen ein Jahr angenommen. Man unterscheidet:

- *nachschüssige* Renten (Zahlung am Jahresende)
- *vorschüssige* Renten (Zahlung zu Jahresbeginn).

b) Ende des

1. Jahres: $K_1 = 200{,}00$

2. Jahres: $K_2 = 200{,}00 \cdot \frac{6}{100} + 200{,}00$
$= 212{,}00 + 200{,}00$
$= 412{,}00$

3. Jahres: $K_3 = 412{,}00 \cdot \frac{6}{100} + 200{,}00$
$= 436{,}72 + 200{,}00$
$= 636{,}72$

Analog zur Zinseszinsberechnung/Aufzinsung (vgl. Lösung Frage 01.) erhält man allgemein für die Berechnung einer nachschüssigen Rente:

$$K_n = E \cdot \frac{q^n - 1}{q - 1}$$

Man bezeichnet den Ausdruck $\frac{q^n - 1}{q - 1}$ als **Renten-Endwertfaktor** (nachschüssig).

Beispiele

Für n = 3 und p = 6 % ist der Endwertfaktor 3,183600.

6,0 % n	q^n	$\frac{1}{q^n}$	$\frac{q-1}{q^n-1}$	$\frac{q^n(q-1)}{q^n-1}$	$\frac{q^n-1}{q-1}$	$\frac{q^n-1}{q^n(q-1)}$
1	1,060000	0,943396	1,000000	1,060000	[illegible]	0,943396
2	1,123600	0,889996	0,485437	0,545437	2,06000[illegible]	1,833393
3	1,191016	0,839619	0,314110	0,374110	3,183600	2,673012
4	1,122477	0,792094	0,228592	0,288591	4,374616	3,465106
5	1,338226	0,747258	0,177396	0,237396	5,63709[illegible]	4,212364
...	...	...	...	...		...

Daraus folgt: $K_n = 200{,}00 \cdot 3{,}183600$
$= 636{,}72$ €

c) Erfolgt die Ratenzahlung *nachschüssig* entspricht dies einem Kaufpreis von 63.185,46 €.

Bei p = 6 % und n = 5 ist der Renten-Barwertfaktor 4,212364.

Daraus folgt: $K_0 = 1.000{,}00 \cdot 4{,}212364$
$= 4.212{,}36$ €

$$K_0 = E \cdot \frac{q^n - 1}{q^n (q - 1)}$$

= 15.000 • 4,212364

= 63.185,46 €

Erfolgt die Ratenzahlung *vorschüssig* entspricht dies einem Kaufpreis von 66.976,59 €.

$$K_0 = E \cdot q \cdot \frac{q^n - 1}{q^n (q - 1)}$$

= 15.000 • 1,06 • 4,212364

= 66.976,59 €

6,0 % n	q^n	$\frac{1}{q^n}$	$\frac{q-1}{q^n-1}$	$\frac{q^n(q-1)}{q^n-1}$	$\frac{q^n-1}{q-1}$	$\frac{q^n-1}{q^n(q-1)}$
1	1,060000	0,943396	1,000000	1,060000	1,000000	0,943396
2	1,123600	0,889996	0,485437	0,545437	2,060000	[illegible]
3	1,191016	0,839619	0,314110	0,374110	3,183600	[illegible]
4	1,122477	0,792094	0,228592	0,288591	4,374616	,46510
5	1,338226	0,747258	0,177396	0,237396	5,637093	4,212364
...	...	...	...	...	...	...

2.3 Verfahren zur Beurteilung von Sachinvestitionen

2.3.1 Statische Investitionsrechnungsverfahren

Lösung zu Aufgabe 1: Kostenvergleichsrechnung bei Ersatzinvestition

Kalkulationsangaben	**Abk.**	**Altanlage**	**Neuanlage**
Anschaffungskosten (in €)	AK	150.000	200.000
Leistung, Einheiten pro Jahr	E	5.000	5.000
Nutzungsdauer (in Jahren)	n	8	8
kalkulatorischer Zinssatz	p	8 %	8 %
Restwert am Anfang der Vergleichsperiode (in €)	RW_A	31.000	-
Restwert am Ende der Vergleichsperiode (in €)	RW_E	10.000	20.000
Betriebskosten (in €)			
Lohnkosten		40.000	40.000
Energie- und Materialkosten		30.000	25.000
Sonstige variable Kosten		15.000	12.000
Fixkosten ohne AfA und Zinsen		20.000	18.000

Zwischensumme		105.000	95.000
Ø Restwertminderung[1], L	(31.000 - 10.000) : 3	7.000	-
Kalkulatorische AfA:	(200.000 - 20.000) : 8	-	22.500
Kalkulatorische Zinsen:	Altanlage: (31.000 + 10.000) : 2 • 0,08	1.640	-
	Neuanlage: (200.000 + 20.000) : 2 • 0,08	-	8.800
Gesamtkosten		**113.640**	**126.300**
Kostenvorteil		**12.660**	

$$L = \frac{RW_A - RW_E}{RND}$$

RW_A = Restwert am Anfang der Vergleichsperiode
RW_E = Restwert am Ende der Vergleichsperiode
RND = Restnutzungsdauer
L = durchschnittliche Verringerung des Liquidationserlöses (Ø Restwertminderung)

Ergebnis: Es ist zurzeit vorteilhafter, die Altanlage weiter zu nutzen.

Lösung zu Aufgabe 2: Verfahren der statistischen Investitionsrechnung und Break-even-Menge

Drei Objekte, ohne Restwerte, gleiche Kapazität, gleiche Nutzungsdauer, Auslastung 80 %

Daten	**Objekt 1**	**Objekt 2**	**Objekt 3**
Anschaffungskosten, AK	250.000 €	300.000 €	280.000 €
Restwert, RW	0	0	0
Nutzungsdauer, n	10 Jahre	10 Jahre	10 Jahre
Nennleistung, K	50.000 Stück/Jahr	50.000 Stück/Jahr	50.000 Stück/Jahr
Auslastungsgrad	80 %	80 %	80 %
Jahresstückleistung, x	80 % von 50.000 Stk. = 40.000 Stück	40.000 Stück	40.000 Stück

[1] Ist davon auszugehen, dass für die Altanlage ein Liquidationserlös L erzielt werden kann, so ist er bei dem Kostenvergleich zu berücksichtigen. Begründung: Der Liquidationserlös sinkt mit zunehmender Nutzungsdauer. Man „belastet" also im Kostenvergleich die Altanlage mit der Differenz des Liquidationserlöses am Beginn und am Ende der Vergleichsperiode bezogen auf die Restnutzungsdauer.

Berechnungen	Berechnungsbeispiel:	Objekt 1	Objekt 2	Objekt 3
Umsatz	**$p \cdot x = 10{,}00 \cdot 40.000$**	**400.000 €**	**400.000 €**	**400.000 €**
Fixe Kosten:				
Sonstige Fixkosten		120.500 €	110.000 €	129.600 €
Kalk. Abschreibung	$\frac{AK - RW}{n} = \frac{250.000 - 0}{10}$	25.000 €	30.000 €	28.000 €
Kalk. Zinsen	$\frac{AK + RW}{2} \cdot \frac{p}{100} = \frac{(250.000 + 0) \cdot 6}{2 \cdot 100}$	7.500 €	9.000 €	8.400 €
Summe Fixkosten		**153.000 €**	**149.000 €**	**166.000 €**
Variable Kosten:				
Fertigungslohn		100.000 €	70.000 €	80.000 €
Material		60.000 €	60.000 €	60.000 €
Energie		12.000 €	8.000 €	7.000 €
Sonstige variable Kosten		7.000 €	9.000 €	9.000 €
Summe variable Kosten		179.000 €	147.000 €	156.000 €
Summe variable Kosten bei Auslastung 80 %		**143.200 €**	**117.600 €**	**124.800 €**
variable Stückkosten		**3,58 €**	**2,94 €**	**3,12 €**

a) **Kostenvergleichsrechnung:**

	Objekt 1	Objekt 2	Objekt 3
Summe Fixkosten	153.000 €	149.000 €	166.000 €
Summe variable Kosten bei Auslastung 80 %	143.200 €	117.600 €	124.800 €
Gesamtkosten, K	296.200 €	266.600 €	290.800 €
Stückkosten, k	7,41 €	6,67 €	7,27 €
Vorteilhaftigkeit (Priorität)	**3**	**1**	**2**

Entscheidungsregel: $K \rightarrow$ Minimum! bzw. $k \rightarrow$ Minimum!

b) **Gewinnvergleichsrechnung:**

	Objekt 1	Objekt 2	Objekt 3
Umsatz	400.000 €	400.000 €	400.000 €
- Gesamtkosten	296.200 €	266.600 €	290.800 €
= Gewinn, G	103.800 €	133.400 €	109.200 €
Stückgewinn, g	2,60 €	3,34 €	2,73 €
Vorteilhaftigkeit (Priorität)	**3**	**1**	**2**

Entscheidungsregel: G → Maximum! bzw. g → Maximum!

INFO

Anmerkung: Bei linearem Kostenverlauf ist das Ergebnis der Gewinnvergleichsrechnung bezüglich der Vorteilhaftigkeit der Investitionsalternativen identisch mit dem der Kostenvergleichsrechnung (die Aufgabenstellung erfolgt hier nur aus Gründen der Vollständigkeit der statischen Investitionsrechenverfahren).

c) **Rentabilitätsvergleichsrechnung:**

		Objekt 1	Objekt 2	Objekt 3
Gewinn		103.800 €	133.400 €	109.200 €
+ Kalkulatorische Zinsen		7.500 €	9.000 €	8.400 €
= Return (des Gesamtkapitals)		111.300 €	142.400 €	117.600 €
durchschnittlicher Kapitaleinsatz	$= \frac{AK + RW}{2}$	125.000 €	150.000 €	140.000 €
Rentabilität, R	$= \frac{\text{Return}}{\varnothing \text{ Kapitaleinsatz}^{1}}$ $= \frac{\text{Gewinn + kalk. Zinsen}}{\frac{AK + RW}{2}}$	$\frac{111.300}{125.000}$ = 89,04 %	$\frac{142.400}{150.000}$ = 94,93 %	$\frac{117.600}{140.000}$ = 84,0 %
Vorteilhaftigkeit (Priorität)		**2**	**1**	**3**

Entscheidungsregel: R_{GK} → Maximum! (unter der Bedingung: $R_{GK} \geq i$)

[1] Division durch 2 weil Ø Kapitaleinsatz ermittelt werden muss

d) **Amortisationsvergleichsrechnung:**

$$\text{Kapitalrückflusszeit (Jahre)} = \frac{\text{Anschaffungswert - Restwert}}{\text{Gewinn + Abschreibungen (p. a.)}}$$

	Objekt 1	**Objekt 2**	**Objekt 3**
Kapitalrückflusszeit, t_A (Jahre)	$\frac{250.000 + 0}{103.800 + 25.000}$ = 1,94 Jahre	$\frac{300.000 + 0}{133.400 + 30.000}$ = 1,84 Jahre	$\frac{280.000 + 0}{109.200 + 28.000}$ = 2,04 Jahre
Vorteilhaftigkeit	**2**	**1**	**3**

Entscheidungsregel: $t_A \rightarrow$ Minimum! (unter der Bedingung: $t_A \leq$ Sollwert)

Kommentar: Alle drei Objekte erfüllen die intern vorgegebene Sollamortisationszeit.

Gesamtbetrachtung zu a) bis d):

Vorteilhaftigkeit nach ...	**Objekt 1**	**Objekt 2**	**Objekt 3**
a) Kostenvergleich	3	1	2
b) Gewinnvergleich	3	1	2
c) Rentabilitätsvergleich	2	1	3
d) Kapitalrückflusszeit	2	1	3

Objekt 2 zeigt nach allen vier Berechnungsverfahren eine Vorteilhaftigkeit gegenüber den alternativen Anlagen und sollte daher für die Investition ausgewählt werden.

e) **Menge im Break-even-Point für Objekt 2 und 3:**

Im Break-even-Point gilt für die Menge $x^* = \frac{\text{Fixkosten}}{\text{db}}$

Für Objekt 2 ergibt sich: $x^*_2 = \frac{149.000}{7,06}$

$= 21.104,82$

Ab 21.105 Stück ist die Gewinnschwelle bei Objekt 2 überschritten.

Für Objekt 3 ergibt sich: $x^*_3 = \frac{166.000}{6,88}$

$= 24.127,91$

Ab 24.128 Stück ist die Gewinnschwelle bei Objekt 3 überschritten.

f) **Nachteile des Kostenvergleichsverfahren**, z. B.:

- Der Vergleich ist kurzfristig (in der Regel ein Jahr).
- Die Auflösung in fixe und variable Kostenbestandteile ist mitunter schwierig.
- Erträge werden nicht berücksichtigt.
- Qualitätsunterschiede der Verfahren/Anlagen werden vernachlässigt.
- Die zeitliche Lage der Ausgaben wird vernachlässigt.

Lösung zu Aufgabe 3: Kostenvergleichsrechnung und kritische Menge

Zwei Objekte, mit Restwerte, gleiche Kapazität, gleiche Nutzungsdauer

Berechnungen	Berechnungsbeispiel	Objekt 1	Objekt 2
Fixe Kosten:			
Sonstige Fixkosten, €		4.000	1.200
Kalkulatorische Abschreibung	$\frac{AK - RW}{n}$ $= \frac{50.000 - 5.000}{5}$	9.000	8.000
Kalkulatorische Zinsen	$\frac{AK + RW}{2} \cdot \frac{p}{100}$ $= \frac{(50.000 + 5.000) \cdot 10}{2 \cdot 100}$	2.750	2.000
Summe Fixkosten, Kf		**15.750**	**11.200**
Variable Kosten:			
Material		2.000	2.000
Löhne		2.500	5.000
Energie		3.500	8.000
Summe variable Kosten, Kv		**8.000**	**15.000**
Gesamtkosten, K		**23.750**	**26.200**
Stückkosten (K : x)	23.750 : 12.000	**1,98**	**2,18**
variable Stückkosten	8.000 : 12.000	**0,67**	**1,25**

a) Objekt 1 ist im Gesamtkostenvergleich günstiger und sollte daher angeschafft werden.

b) Für die kritische Menge (bei zwei Verfahren, zwei Investitionsobjekten) gilt:

Grenzstückzahl	$= \dfrac{\text{Fixkosten 1 - Fixkosten 2}}{\text{var. Stückkosten 2 - var. Stückkosten 1}}$
x	$= \dfrac{K_{f1} - K_{f2}}{k_2 - k_1} = \dfrac{K_{f2} - K_{f1}}{k_1 - k_2}$
	$= \dfrac{15.750 - 11.200}{1,25 - 0,67}$ $= 7.844,83$

vgl. auch Kosten- und Leistungsrechnung

Die kritische Menge liegt bei 7.845 Stück; oberhalb dieser Menge ist Verfahren 1 günstiger, unterhalb dieser Menge ist Verfahren 2 günstiger.

Lösung zu Aufgabe 4: Kostenvergleichsrechnung

Zwei Objekte, mit Restwert, unterschiedliche Kapazität, gleiche Nutzungsdauer

Kalkulationsangaben	**Abk.**	**Anlage I**	**Anlage II**
Anschaffungswert (in €)	AK	50.000	80.000
Leistung, Einheiten pro Jahr	E	40.000	50.000
Nutzungsdauer (Jahre)	n	5	5
kalkulatorischer Zinssatz	p i	8 % 0,08	8 % 0,08
Restwert (in €)	RW	5.000	10.000
Betriebskosten (in €)			
Lohnkosten		8.000	6.000
Instandhaltung		3.500	2.000
Energie- und Materialkosten		2.500	2.000
Raumkosten		1.000	1.200
Kalkulatorische AfA: (AK - RW) : n Anlage I: (50.000 - 5.000) : 5 Anlage II: (80.000 - 10.000) : 5		9.000	14.000

	Kalkulatorische Zinsen: (AK + RW) : 2 • i Anlage I: (50.000 + 5.000) : 2 • 0,08 Anlage II: (80.000 + 10.000) : 2 • 0,08	2.200	3.600
Gesamtkosten		**26.200**	**28.800**
Kosten pro Einheit		**0,66**[1]	**0,58**
Kostenvorteil pro Einheit			**0,08**

Ergebnis: Anlage II ist vorteilhafter.

Lösung zu Aufgabe 5: Kapitalbedarf, Kapitalrückflusszeit

a)

Gesamtkapitalbedarf = Anlagekapitalbedarf + Umlaufkapitalbedarf

Anlagekapitalbedarf =

Anschaffungspreis der neuen Anlage	200.000 €
+ Anschaffungspreis der neuen Halle	60.000 €
+ Transportkosten	15.000 €
+ Kosten der Montage und Inbetriebnahme	25.000 €
=	300.000 €

Umlaufkapitalbedarf = (Kapitalbindungsdauer - Lieferantenziel) • Ø tägliche Ausgaben

= (14 + 14 + 10 + 20 - 30) • (2.000 + 4.000 + 500)
= 182.000 €

Gesamtkapitalbedarf = 300.000 € + 182.000 €
= 482.000 €

b)

$$\text{Kapitalrückflusszeit} = \frac{\text{Anschaffungswert - Restwert}}{\text{Ø Gewinn + Abschreibungen p. a.}}$$

[1] Bei unterschiedlicher Kapazität müssen die Stückkosten zum Vergleich herangezogen werden.

1) $Restwert_1$	=	20.000	
2) $Restwert_2$	=	0	
3) AfA_1	=	240.000 € : 5 J.	= 48.000 €/Jahr
4) AfA_2	=	60.000 € : 10 J.	= 6.000 €/Jahr
5) $Gewinn_{(p.\,a.)}$	=	$Umsatz_{(p.\,a.)}$ - $Kosten_{(p.\,a.)}$	
6) $Umsatz_{(p.\,a.)}$	=	200 Tg. • 100 Stk. • 70 €	= 1.400.000 €
7) $Kosten_{(p.\,a.)}$	=	(20 + 40 + 5) • 100 Stk. • 200 Tg.	= 1.300.000 €
→ 8) Gewinn	=	1.400.000 - 1.300.000	= 100.000 €

$$\text{Kapitalrückflusszeit} = \frac{\text{Anschaffungswert - Restwert}}{\text{Ø Gewinn + Abschreibungen p. a.}}$$

$$= \frac{300.000 - 20.000 - 0}{100.000 + 48.000 + 6.000}$$

= 1,82 Jahre

Die Kapitalrückflusszeit beträgt rund zwei Jahre.

Lösung zu Aufgabe 6: Break-even-Point

a) Aus der Grafik lässt sich im Break-even-Point ablesen:

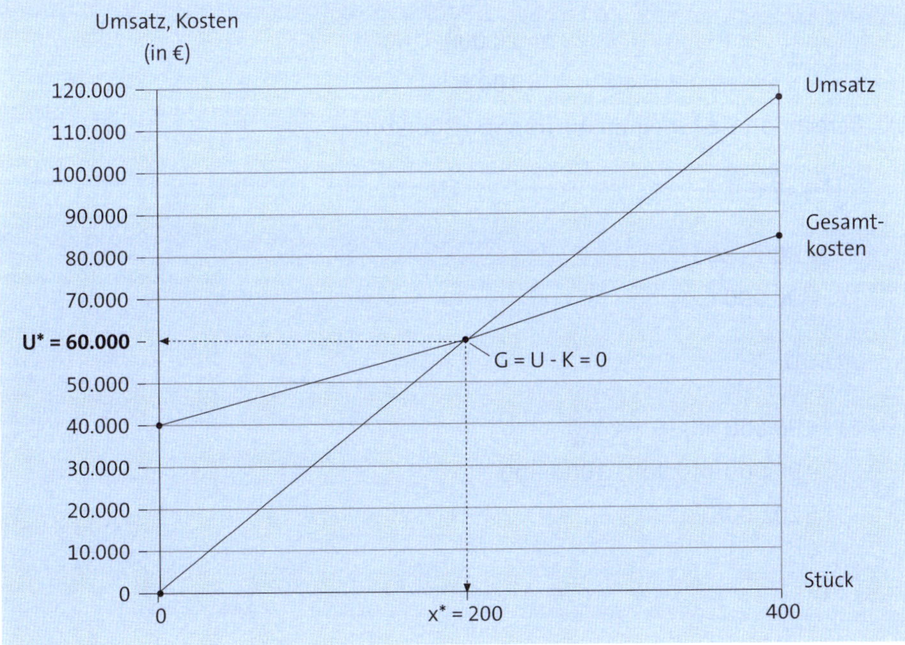

$U^* = 60.000$ €

$x^* = 200$ Stück

Definitionsgemäß ist im Break-even-Point:

$G^* = 0$

b) Aus der Grafik lässt sich ablesen:

$K_f = 40.000$ €

$p = ?$

$$U = x \cdot p \quad \rightarrow \quad p = U^* : x^*$$

$$= 60.000 : 200$$

$$= 300 \text{ €}$$

$K_v = ?$

$$K^* = K_f + K_v \quad \rightarrow \quad K_v = K^* - K_f$$

$$= 60.000 - 40.000$$

$$= 20.000 \text{ €}$$

$K_{v/Stk.} = ?$

$$K_v = x^* \cdot k_v \quad \rightarrow \quad k_v = K_v : x^*$$

$$= 20.000 : 200$$

$$= 100 \text{ €}$$

c) Berechnen Sie für einen Auftrag von 300 Stück:

$$U = x \cdot p$$

$$= 300 \cdot 300$$

$$= 90.000 \text{ €}$$

$$G = U - K$$

$$= 90.000 - K_f - x \cdot K_{v/Stk.}$$

$$= 90.000 - 40.000 - 100 \cdot 300$$

$$= 20.000 \text{ €}$$

$$DB = U - K_v = U - x \cdot k_v$$

$= 90.000 - 100 \cdot 300$

$= 60.000$ €

$$db = DB : x$$

$= 60.000 : 300$

$= 200$ €

d) Im Break-even-Point gilt:

$$x^* = \frac{K_f}{db}$$

$$= \frac{40.000}{200}$$

$= 200$

Lösung zu Aufgabe 7: Kapitalrückflusszeit

Berechnung der Kapitalrückflusszeit der neuen Montageanlage:

$$\text{Kapitalrückflusszeit (in Jahren)} = \frac{\text{Anschaffungspreis - Restwert}}{\text{Ø Gewinn pro Jahr + AfA pro Jahr}}$$

$$= \frac{2.400.000\,€ - 0\,€}{9{,}20\,€ \cdot 60.000\,€ + 330.000\,€}$$

= 2,72 Jahre

Da es in der RIRA-GmbH keine Investitionsrichtlinie mit maximal vertretbarer Amortisationszeit gibt, wird als Grenzwert die Laufzeit des Vertrages mit dem Handelskonzern genommen: → Kapitalrückflusszeit < Vertragslaufzeit.

Auch unter der Berücksichtigung von Risiken, die mit der Annahme des genannten Stückgewinns verbunden sind, kann eine Vorteilhaftigkeit der Investition unterstellt werden.

Lösung zu Aufgabe 8: Amortisationsrechnung, Kumulationsmethode

a) Bei der Kumulationsmethode werden die (unterschiedlichen) Rückflüsse für die einzelnen Jahre getrennt erfasst. Diese Methode ist genauer, da die jährlichen Rückflüsse nicht durch einen einzigen Betrag dargestellt werden. Diese Methode kann noch verfeinert werden, indem die Ein- und Auszahlungen abgezinst werden (vgl. dynamische Amortisationsrechnung).

b)

	Jahr	00	01	02	03	04	05	06	07	08
Rück-flüsse	A	-100	20	20	20	20	20	10	–	–
	B	-100	5	10	15	20	40	50	100	100

↑ negativer Wert, da Auszahlung wegen Anschaffung

- A: Nach dem 5. Jahr ist der Auszahlungsbetrag für die Anschaffung wieder gedeckt.
- B: Zwischen dem 5. und 6. Jahr ist der Auszahlungsbetrag für die Anschaffungskosten gedeckt.

c) A: $\sum$ Rückflüsse = 110 Tsd. €

→ ø Jahresrückfluss
= 110 Tsd. € : 6
= 18,3 Tsd. €

$$\rightarrow \frac{\text{Anschaffungspreis}}{\text{ø Jahresrückfluss}}$$

$$= \frac{100\text{ Tsd. €}}{18{,}3\text{ Tsd. €}}$$

= 5,46 Jahre

B: $\sum$ Rückflüsse = 340 Tsd. €

→ ø Jahresrückfluss
= 340 Tsd. € : 8
= 42,5 Tsd. €

$$\rightarrow \frac{\text{Anschaffungspreis}}{\text{ø Jahresrückfluss}}$$

$$= \frac{100\text{ Tsd. €}}{42{,}5\text{ Tsd. €}}$$

= 2,35 Jahre

Man kann daran erkennen:
Je ungleichmäßiger die Einnahmenrückflüsse verteilt sind, um so ungenauer ist die Durchschnittsmethode der Amortisationsrechnung.

Lösung zu Aufgabe 9: Kostenvergleichsrechnung, zwei Objekte, Auswahlproblem

	Berechnung	Objekt 1	Objekt 2
AfA	$\frac{(AW - RW)}{n}$	$= \frac{(800.000 - 40.000)}{5}$ = 152.000	$= \frac{(600.000 - 20.000)}{5}$ = 116.000
Zinsen	$\frac{(AW + RW)}{2 \cdot i}$	$= \frac{(800.000 + 40.000)}{2 \cdot 8\,\%}$ = 33.600	$= \frac{(600.000 + 20.000)}{2 \cdot 8\,\%}$ = 24.800
Betriebskosten		90.000	150.000
Gesamtkosten		**275.600**	**290.800**
→		**$Kosten_1 < Kosten_2$**	

In Worten: Investitionsobjekt 1 ist vorteilhafter, da die jährlichen Kosten geringer sind – trotz der höheren Anschaffungskosten.

Lösung zu Aufgabe 10: Kostenvergleichsrechnung und Rangstufenmethode im Vergleich

- **Kostenvergleichsrechnung:**
  Die Kosten verschiedener Alternativen (Ist zu Soll bzw. Soll 1 zu Soll 2) werden vergleichend gegenübergestellt. Das Verfahren ist statisch und dann einsetzbar, wenn die Kosten der jeweiligen Alternativen exakt quantifiziert werden können, z. B. Investitionsvorhaben 1 im Vergleich zu Investitionsverfahren 2.
- **Gewichtete Rangstufenmethode (auch: Nutzwertanalyse):**
  Lassen sich die Kosten verschiedener Alternativen nicht exakt ermitteln, ist ein qualitatives Vergleichsverfahren möglich:

  Die für die Alternativen relevanten Merkmale werden erfasst, mit Faktoren oder Prozentsätzen gewichtet und pro Merkmal und Alternative wird der gewichtete Punktwert ermittelt.

Beispiel

Merkmal	Gewichtung	Alternative 1		Alternative 2	
		ungewichtet	gewichtet	ungewichtet	gewichtet
Personalbedarf	0,1	4,0	0,4	2,0	0,2
Reparaturanfälligkeit	0,2	2,0	0,4	4,0	0,8
Durchlaufzeit	0,5	6,0	3,0	2,0	1,0
Kosten	0,1	3,0	0,3	5,0	0,5
Korrosion	0,1	1,0	0,1	3,0	0,3
Summe	1,0		**4,2**		2,8

Skalierung:	
0 bis unter 2	schlecht
2 bis unter 4	mittel
4 bis unter 6	gut
6 bis unter 8	sehr gut

Das Verfahren mit dem höchsten Punktwert ist zu bevorzugen; im dargestellten Beispiel ist dies die Alternative 1.

2.3.2 Dynamische Investitionsrechnungsverfahren

Lösung zu Aufgabe 1: Kapitalwertmethode, interner Zinsfuß, ein Objekt

a) Es werden zunächst in einer Arbeitstabelle die Einnahmenüberschüsse abgezinst:

	1. Jahr	2. Jahr	3. Jahr	4. Jahr	5. Jahr
Auslastungsgrad in %	70	75	77	80	75
Verkaufspreis (€ pro Stück)	20,00	21,00	22,00	23,00	24,00
Jahresstückleistung	12.670	13.575	13.937	14.480	13.575
Einzahlungen in €	253.400	285.075	306.614	333.040	325.800
Personalkosten in €	65.000	70.000	76.000	79.000	80.000
Materialkosten in €	144.900	163.000	167.000	173.000	173.000
Raumkosten in €	8.400	8.400	8.400	8.400	8.400
Energiekosten in €	6.000	7.000	7.000	7.000	7.000
Sonstige Kosten in €	11.900	12.100	13.100	13.600	12.800
Summe Auszahlungen in €	236.200	260.500	271.500	281.000	281.200
Zahlungssaldo ($E_i - A_i$)	17.200	24.575	35.114	52.040	44.600
Abzinsungsfaktor	0,9174	0,8417	0,7722	0,7084	0,6499
Barwert in €	15.780	20.684	27.114	36.866	28.987
Summe Barwerte in €	15.780	36.464	63.579	100.445	129.432

	6. Jahr	7. Jahr	8. Jahr	9. Jahr	10. Jahr
Auslastungsgrad in %	81	85	86	88	78
Verkaufspreis (€ pro Stück)	22,00	23,00	23,00	23,00	23,00
Jahresstückleistung	14.661	15.385	15.566	15.928	14.118
Einzahlungen in €	322.542	353.855	358.018	366.344	324.714
Personalkosten in €	83.000	85.000	89.000	90.000	91.000
Materialkosten in €	178.000	187.000	190.000	195.000	172.000
Raumkosten in €	8.820	8.820	8.820	8.820	8.800
Energiekosten in €	8.200	8.200	8.300	8.400	8.400
Sonstige Kosten in €	13.600	14.400	14.600	14.900	15.100
Summe Auszahlungen in €	291.620	303.420	310.720	317.120	295.300
Zahlungssaldo (E_i - A_i)	30.922	50.435	47.298	49.224	29.414
Abzinsungsfaktor	0,5963	0,5470	0,5019	0,4604	0,4224
Barwert in €	18.438	27.590	23.737	22.664	12.425
Summe Barwerte in €	147.870	175.460	199.197	221.861	234.286
Summe Barwerte - Anschaffungswert = **Kapitalwert**	234.286 - 200.000				**34.286 €**

Die Investition ist vorteilhaft; der Kapitalwert ist positiv.

b) Für $i_1 = 0{,}09$ ergibt sich $C_{01} = 34.286$ €

Für $i_2 = 0{,}13$ ergibt sich $C_{02} = -\ 5.940$ €

(aus Platzgründen wird die Ermittlung des Kapitalwertes für i = 0,13 nicht dargestellt)

Daraus folgt für r

$$r = i_1 - C_{01} \cdot \frac{i_2 - i_1}{C_{02} - C_{01}}$$

$$r = 0{,}09 - 34.286 \cdot \frac{0{,}13 - 0{,}09}{-\ 5.940 - 34.286}$$

$$= 0{,}1241$$

Der interne Zinsfuß beträgt 12,41 %.

Lösung zu Aufgabe 2: Kapitalwertmethode, Annuitätenmethode

a) und b)

- **Berechnung des Kapitalwerts:**

$$C_0 = \frac{E_1 - A_1}{q^1} = \frac{E_2 - A_2}{q^2} = \dots = \frac{E_5 - A_5}{q^5}$$

- **Berechnung der Annuität:**

Annuität = Kapitalwert • Kapitalwiedergewinnungsfaktor

$$a = C_0 \cdot \frac{q^n (q - 1)}{q^n - 1}$$

Objekt 1	**1. Jahr**	**2. Jahr**	**3. Jahr**	**4. Jahr**	**5. Jahr**
Einzahlungen (E), €	330.000	345.000	345.000	408.000	425.000
Auszahlungen (A):					
Personalkosten, €	80.000	85.000	90.000	95.000	97.000
Materialkosten, €	130.000	130.000	130.000	160.000	160.000
Raumkosten, €	12.000	12.000	12.000	14.000	14.000
Energiekosten, €	8.000	9.000	10.000	11.000	12.000
Sonstige Kosten, €	26.000	30.000	30.000	30.000	30.000
Summe Auszahlungen, €	256.000	266.000	272.000	310.000	313.000
Zahlungssaldo (E - A), €	74.000	79.000	73.000	98.000	112.000
Abzinsungsfaktor[1], $\frac{1}{q^n}$	0,909091	0,826446	0,751315	0,683013	0,620921
Barwert (C_0), €	67.272,73	65.289,23	54.846,00	66.935,27	69.543,15
Summe Barwerte, €	67.272,73	132.561,96	187.407,96	254.343,23	323.886,38
Summe Barwerte - Anschaffungsauszahlung = **Kapitalwert**	323.886,38 - 300.000 =				**23.886 €**
Annuität	23.886 • 0,263797 =				**6.301 €**

[1] Siehe Finanzwirtschaftliche Tabellen, S. 244.

Objekt 2	1. Jahr	2. Jahr	3. Jahr	4. Jahr	5. Jahr
Einzahlungen (E), €	330.000	345.000	345.000	420.000	437.500
Auszahlungen (A):					
Personalkosten, €	65.000	67.000	69.000	72.000	75.000
Materialkosten, €	165.000	165.000	165.000	170.000	170.000
Raumkosten, €	8.400	8.400	8.400	8.400	8.400
Energiekosten, €	5.000	6.000	7.000	8.000	9.000
Sonstige Kosten, €	8.000	6.000	5.000	5.000	4.000
Summe Auszahlungen, €	251.400	252.400	254.400	263.400	266.400
Zahlungssaldo (E - A), €	78.600	92.600	90.600	156.600	171.100
Abzinsungsfaktor[1], $\frac{1}{q^n}$	0,909091	0,826446	0,751315	0,683013	0,620921
Barwert (C_0), €	71.454,55	76.528,90	68.069,14	106.959,83	106.239,58
Summe Barwerte, €	71.454,55	147.983,45	216.052,59	323.012,42	429.252,00
Summe Barwerte - Anschaffungsauszahlung = **Kapitalwert**	429.252,00 - 400.000 =				**29.252 €**
Annuität	29.252 • 0,263797 =				**7.717 €**

- Ergebnis zu a) und b):
  Das Objekt 1 weist in beiden Verfahren schlechtere Werte auf als das Objekt 2. Die Anschaffung der Bearbeitungsmaschine 1 sollte daher unterbleiben und Objekt 2 gewählt werden.

Lösung zu Aufgabe 3: Kapitalwertmethode

a) Die Lösung erfolgt mithilfe der Kapitalwertmethode (es sind auch andere dynamische Methoden der Investitionsrechnung zulässig):

$$C_0 = \frac{E_1 - A_1}{q^1} = \frac{E_2 - A_2}{q^2} = \ldots = \frac{E_n - A_n}{q^n} + \frac{RW}{q^n} - A_0$$

= Summe der abgezinsten Zahlungssalden (E_i - A_i) minus Anschaffungsausgabe

[1] Siehe Finanzwirtschaftliche Tabellen, S. 244.

Jahr	E_i - A_i, in Mio. €	q^n für p = 9 %	(E_i - A_i) : q^n
1	- 1,60	1,090000	- 1,4679
2	- 1,25	1,188100	- 1,0521
3	- 0,60	1,295029	- 0,4633
4	1,20	1,411582	0,8501
5	1,65	1,538624	1,0724
6	1,90	1,677100	1,1329
7	2,05 + 55,00	1,828039	31,2083
Summe			31,2804
- A_0			- 31,2500
= C_0			0,0304

Der Kapitalwert ist positiv (C_0 = 0,03040 Mio. € = 30.400 €). Die Investition ist daher lohnend. Der interne Zinsfuß ist sogar höher als 9 %.

b)
- Investitionen: Höhe und zeitliche Lage;
- Einnahmenüberschüsse: Höhe und zeitliche Lage; Preisrisiken, Absatzrisiken, Preisentwicklung auf den Beschaffungsmärkten (Einstandspreise, Löhne);
- Höhe des Kalkulationszinsfußes (Entwicklung am Kapitalmarkt);
- Höhe des erwarteten Verkaufspreises;
- Laufzeit der Investition (sieben Jahre ausreichend?).

Lösung zu Aufgabe 4: Annuitätenmethode

a)

Kapitalbetrag	A_0	83.037,51 €
Zinssatz	p	5,0 %
Laufzeit	n	15 Jahre
Kapitalwiedergewinnungsfaktor 15 J./5,0 %	KWF	0,096342
Annuität p. a.	a	8.000 €
Kapitaldienstsumme, 15 Jahre	$\sum a$	120.000 €
Summe Zinszahlungen		36.962,48 €

$A_0 \cdot KWF$

= 83.037,51 • 0,096342

= 8.000 €

Die durchschnittlichen jährlichen Einsparungen von 8.000 € müssen mindestens den durchschnittlichen jährlichen Auszahlungen entsprechen, damit die Investition vorteilhaft ist. Dies ist im vorliegenden Fall gegeben.

b) *Risiken (Variablen) der Modellrechnung* im vorliegenden Fall, z. B.:

- Entwicklung der Gaspreise
- Alternative Anlagen zur Energieerzeugung innerhalb von 15 Jahren

- Rückvergütungsvereinbarung für Einspeisung in das Stromnetz
- Entwicklung der Energieverbräuche (z. B. Witterung, Verbrauchsverhalten)
- Zuverlässigkeit des Rechenprogramms der Fa. LUCHS
- Nutzungsdauer der Anlage (< 15 Jahre?)
- Prognose der Wartungskosten des BHK.

c) Empfehlung: Für den Hotelbetrieb würde eine Investition von rd. 80 Tsd. € zu einer laufenden Fixbelastung von rd. 8.000 € p. a. führen. Innerhalb von 15 Jahren könnten neue Heizungstechnologien entwickelt werden. Die Nutzungsdauer von 15 Jahren erscheint im Grenzbereich (welche Erfahrungswerte kann die Fa. LUCHS vorweisen?).

Fazit: Bei einer Kapitalbindung von 80.000 € und einer Bindungsdauer von 15 Jahren sollte der jährliche Einnahmenüberschuss (Einsparung) deutlicher über der jährlichen Annuität liegen.

Hinweis zur Lösung c): Auch andere plausible Bewertungen sind möglich.

Lösung zu Aufgabe 5: Interne Zinsfußmethode (1)

Die interne Zinsfußmethode ist ein Verfahren der dynamischen Investitionsrechnung. Man geht im Gegensatz zur Kapitalwertmethode nicht von einer gegebenen Mindestverzinsung aus, sondern ermittelt den Zinssatz, bei dem der Kapitalwert einer Investition gleich Null ist. Dieser Zinssatz wird als interner Zinsfuß r bezeichnet. Auf der Basis des internen Zinsfußes sind die Summen der Barwerte aller Einnahmen (E_i) und die Summen der Barwerte aller Ausgaben (A_i) gleich groß: Die Formel der Kapitalwertmethode wird gleich Null gesetzt und nach r aufgelöst:

$$\Sigma (E_i - A_i) \cdot (1 + r) - n = 0$$

$$r = i_1 - C_{01} \cdot \frac{i_2 - i_1}{C_{02} - C_{01}}$$

r = interner Zinsfuß

i_1 = Kalkulationszinsfuß der ersten Investitionsalternative

i_2 = Kalkulationszinsfuß der zweiten Investitionsalternative

C_{01} = Kapitalwert der ersten Investitionsalternative

C_{02} = Kapitalwert der zweiten Investitionsalternative

Entscheidungsmaxime:

- Ein einzelnes Investitionsobjekt ist vorteilhaft, wenn der interne Zinsfuß mindestens so groß ist wie die vom Unternehmen festgelegte Mindestverzinsung i_{min}.

Es muss also gelten

$$r \geq i_{min}$$

- Bei alternativen Investitionsobjekte ist das Objekt vorteilhafter, das den größeren internen Zinsfuß aufweist

  Objekt 1 ist also zu bevorzugen, wenn gilt:

$$r_1 > r_2$$

Lösung zu Aufgabe 6: Interne Zinsfußmethode (2)

Es wird eine Arbeitstabelle eingerichtet, in der die Überschüsse pro Jahr abgezinst und addiert werden. Die Abzinsungsfaktoren $^1/q^n$ werden für 9 % und 12 % der Tabelle entnommen:

		Versuchszins i = 0,09		**Versuchszins i = 0,12**	
Jahr	**Überschüsse**	**Abzinsungsfaktoren $^1/q^n$**	**Barwerte**	**Abzinsungsfaktoren $^1/q^n$**	**Barwerte**
1	20.000	0,917431	18.348	0,892857	17.857
2	40.000	0,841680	33.667	0,797194	31.889
3	45.000	0,772183	34.748	0,711780	32.030
4	50.000	0,708425	35.421	0,635518	31.776
5	60.000	0,649931	38.996	0,567427	34.046
	Summe		161.180		147.597
-	Anschaffungswert, AW		- 160.000		- 160.000
=	**Kapitalwert**		**1.180**		**- 12.403**

- Rechnerisch ergibt sich der interne Zinsfuß mithilfe der Formel:

$$r = i_1 - C_{01} \cdot \frac{i_2 - i_1}{C_{02} - C_{01}}$$

$$= 0{,}09 - 1.180 \cdot \frac{0{,}12 - 0{,}09}{-12.403 - 1.180}$$

$$= 0{,}0926$$

Das heißt, der interne Zinsfuß beträgt 9,26 %. Er übersteigt den Kalkulationszinsfuß von 8 %. Die Investition ist daher vorteilhaft.

► Grafische Lösung:

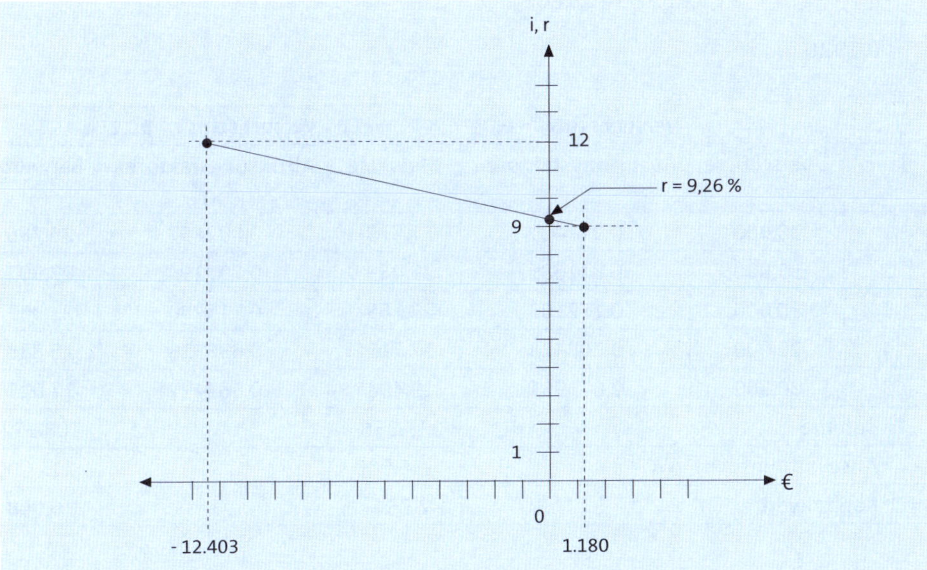

Lösung zu Aufgabe 7: Interne Zinsfußmethode (3)

Die Berechnung des internen Zinsfußes erfolgt in gleicher Weise wie in Aufgabe 5. (Einzelinvestition).

$$r = i_1 - C_{01} \cdot \frac{i_2 - i_1}{C_{02} - C_{01}}$$

Es wird eine Arbeitstabelle eingerichtet, in der die Überschüsse pro Jahr für beide Objekte abgezinst und addiert werden. Die Abzinsungsfaktoren $^1/q^n$ werden für 9 % und 12 % der Tabelle entnommen:

		Versuchszins i = 0,09		Versuchszins i = 0,12	
Jahr	**Überschüsse**	**Abzinsungsfaktoren $^1/q^n$**	**Barwerte**	**Abzinsungsfaktoren $^1/q^n$**	**Barwerte**
1	20.000	0,917431	18.348	0,892857	17.857
2	40.000	0,841680	33.667	0,797194	31.889
3	45.000	0,772183	34.748	0,711780	32.030
4	50.000	0,708425	35.421	0,635518	31.776
5	60.000	0,649931	38.996	0,567427	34.046
	Summe		161.180		147.597
-	Anschaffungswert, AW		- 115.000		- 115.000
=	**Kapitalwert**		**46.180**		**32.597**

$$r_1 = 0{,}09 - 46.180 \cdot \frac{0{,}12 - 0{,}09}{32.597 - 46.180}$$

$$= 0{,}1920$$

		Versuchszins i = 0,09		Versuchszins i = 0,12	
Jahr	**Überschüsse**	**Abzinsungsfaktoren $^1/q^n$**	**Barwerte**	**Abzinsungsfaktoren $^1/q^n$**	**Barwerte**
1	30.000	0,917431	27.523	0,892857	26.786
2	35.000	0,841680	29.459	0,797194	27.902
3	30.000	0,772183	23.165	0,711780	21.353
4	25.000	0,708425	17.711	0,635518	15.888
5	30.000	0,649931	19.498	0,567427	17.023
	Summe		117.356		108.952
-	Anschaffungswert, AW		- 115.000		- 115.000
=	**Kapitalwert**		**2.356**		**- 6.048**

$$r_2 = 0{,}09 - 2.356 \cdot \frac{0{,}12 - 0{,}09}{-6.048 - 2.356}$$

$$= 0{,}0984$$

Das Investitionsobjekt 1 ist mit einem internen Zinsfuß von 19,20 % dem Investitionsobjekt 2 vorzuziehen.

Lösung zu Aufgabe 8: Dynamische Amortisationsrechnung

In einer Arbeitstabelle werden die Barwerte der Rückflüsse berechnet und solange addiert, bis sich erstmalig ein positiver kumulierter Barwert ergibt; dies ist hier in der 6. Periode der Fall.

Periode	**Netto-zahlungen Ko**	**Abzinsungs-faktoren 9 %** $\frac{1}{q^n}$	**Barwerte der Netto-zahlungen** $K_0 \cdot \frac{1}{q^n}$	**Kumulierte Barwerte der Netto-zahlungen** $\sum K_0 \cdot \frac{1}{q^n}$
0	- 1.500.000	-	- 1.500.000	- 1.500.000
1	340.000	0,917431	311.927	- 1.188.073
2	370.000	0,841680	311.422	- 876.651
3	340.000	0,772183	262.542	- 614.109
4	380.000	0,708425	269.202	- 344.907
5	390.000	0,649931	253.473	**- 91.434**
6	400.000	0,596267	238.507	**147.073**

Die 5. Periode ist daher n* in der Formel:

$$\text{Amortisationszeit} = n^* + \frac{\text{Kapitalwert}_{n^*}}{\text{Kapitalwert}_{n^*} - \text{Kapitalwert}_{n^*+1}}$$

$$\text{Amortisationszeit} = 5 + \frac{-91.434}{-91.434 - 147.073}$$

$$= 5{,}38$$

Nach ca. 5,38 Jahren ist der Kapitalwert gleich Null bzw. decken die abgezinsten Rückflüsse die anfängliche Nettoauszahlung.

Mit n* wird die Periode gekennzeichnet, in der *letztmalig ein negativer kumulierter Barwert auftritt.*

Lösung zu Aufgabe 9: Verfahren der Investitionsrechnung im Vergleich, Vor- und Nachteile

a)

Verfahren der Investitionsrechnung · Vergleich	
Statische Verfahren	**Dynamische Verfahren**
► sind einfache Vergleichsverfahren anhand der Bewertungskriterien Kosten, Gewinn, Rentabilität und Amortisation, ► werden in der Praxis überwiegend verwendet, ► gehen nur von einer Periode aus, die als repräsentativ gesehen wird, ► berücksichtigen keine zeitlichen Unterschiede von Einnahmen und Ausgaben.	► betrachten alle Nutzungsperioden der Anlage, ► berücksichtigen alle Ein- und Auszahlungen der einzelnen Perioden, ► basieren auf finanzmathematischen Methoden, ► sind besser geeignet als statische Verfahren, ► werden wegen ihrer Handhabung in der Praxis seltener eingesetzt.

b)

Kostenvergleichsrechnung	
Vorteile, z. B.:	► vgl. „Statische Verfahren"/Antwort zu a)
Nachteile, z. B.:	► Es werden nur die Kosten zum Vergleich herangezogen. ► Wesentliche Kennziffern wie Gewinn und Rentabilität bleiben außer Betracht. ► Trennung in fixe und variable Kosten erforderlich. ► Durchschnittswerte bergen Ungenauigkeiten.

Gewinnvergleichsrechnung	
Vorteile, z. B.:	► vgl. „Statische Verfahren"/Antwort zu a) ► Durch die zusätzliche Einbeziehung der Erlöse wird eine höhere Aussagefähigkeit gegenüber der Kostenvergleichsrechnung erreicht. Es kann der jährliche Gewinn ermittelt werden.
Nachteile, z. B.:	► Die Rechnung liefert keine Aussagen zur Rentabilität der Investition. ► Der Vergleich ist beschränkt auf absolute Gewinne. ► Der Investitionsaufwand wird nicht betrachtet.

Rentabilitätsvergleichsrechnung	
Vorteile, z. B.:	► vgl. „Statische Verfahren"/Antwort zu a) ► Mit der Beachtung des Kapitaleinsatzes sind Investitionen auf ihre Rentabilität zu prüfen. Somit ist sie die umfassendste der statischen Methoden.
Nachteile, z. B.:	► vgl. „Statische Verfahren"/ Antwort zu a)

Amortisationsvergleichsrechnung	
Vorteile, z. B.:	► vgl. „Statische Verfahren"/Antwort zu a) ► Sie ermöglicht eine einfache Risikoeinschätzung.
Nachteile, z. B.:	► vgl. „Statische Verfahren"/Antwort zu a) ► Es wird lediglich die Amortisationszeit ermittelt. ► Der Kapitaleinsatz bleibt unberücksichtigt, ebenso Rückflüsse nach der Amortisationszeit. ► Diese Methode ist nur in Verbindung mit anderen Vergleichsrechnungen sinnvoll einzusetzen.

c)

Kapitalwertmethode	
Vorteile, z. B.:	► vgl. „Dynamische Verfahren"/Antwort zu a)
Nachteile, z. B.:	► Erwartungswerte werden geschätzt (Unsicherheit der Information). ► Die Zurechenbarkeit zu den Investitionsobjekten ist nicht immer korrekt möglich. ► Es ist keine Aussage zur Rentabilität möglich.

Annuitätenmethode	
Vorteile, z. B.:	► vgl. „Dynamische Verfahren"/Antwort zu a)
Nachteile, z. B.:	► wie Kapitalwertmethode, aber zusätzlicher Rechenaufwand

Interne Zinsfußmethode	
Vorteile, z. B.:	► vgl. „Dynamische Verfahren"/Antwort zu a)
Nachteile, z. B.:	► Die Barwerte werden unter der Annahme eines Versuchszinssatzes ermittelt. Dieser wird geschätzt.

2.3.3 Kritische-Werte-Rechnung

Lösung zu Aufgabe 1: Berechnung der Grenzstückzahl

		Verfahren 1	Verfahren 2
Rüsten	Vorgabezeit	0,5 Std.	6,5 Std.
	Stundensatz	20 €	42 €
Fertigen	Vorgabezeit	2,2 min/E	0,8 min/E
	Stundensatz	24 €	48 €

E = Einheit

1. Schritt: Errechnen der variablen Stückkosten:

Verfahren 1: 60 min - 24 €
2,2 min - k_{v1}

$\rightarrow k_{v1} = 24 \cdot 2{,}2 : 60 = 0{,}88$ €

Verfahren 2: analog
$\rightarrow k_{v2} = 0{,}64$ €

2. Schritt: Die Kosten für beide Verfahren werden gleichgesetzt; mit x wird die Stückzahl bezeichnet:

$0{,}5 \cdot 20$ € $+ x \cdot 0{,}88$

$= 6{,}5 \cdot 42$ € $+ x \cdot 0{,}64$

$\rightarrow x =$ rd. 1.096 Stück

In Worten: Bei rd. 1.096 Stück (= Grenzstückzahl) sind die Kosten beider Verfahren gleich. Oberhalb der Grenzstückzahl ist Verfahren 2 wirtschaftlicher (Vorteil der variablen Stückkosten), unterhalb der Grenzstückzahl ist Verfahren 1 günstiger (Vorteil der geringeren Fixkosten).

Lösung zu Aufgabe 2: Kritische Menge, Wahl des Fertigungsverfahrens

Wahl des Fertigungsverfahrens			
Kostenart		Verfahren 1	Verfahren 2
		CNC-Maschine	Bearbeitungsautomat
K_f	Rüstkosten	50 €	300 €
k_v	Materialkosten	3 €/Stk.	3 €/Stk.
	Fertigungslohn	10 €/Stk.	5 €/Stk.

Die Materialkosten werden bei der rechnerischen und grafischen Lösung nicht berücksichtig, da sie bei beiden Verfahren identisch sind.

$$x = \frac{K_{f1} - K_{f2}}{k_2 - k_1}$$

$$= \frac{300\,€ - 50\,€}{13\,€/\text{Stk.} - 8\,€/\text{Stk.}}$$

= 50 Stück

Die kritische Menge liegt bei 50 Stück; oberhalb von 50 Stück ist Verfahren 2 kostengünstiger.

Grafische Lösung:

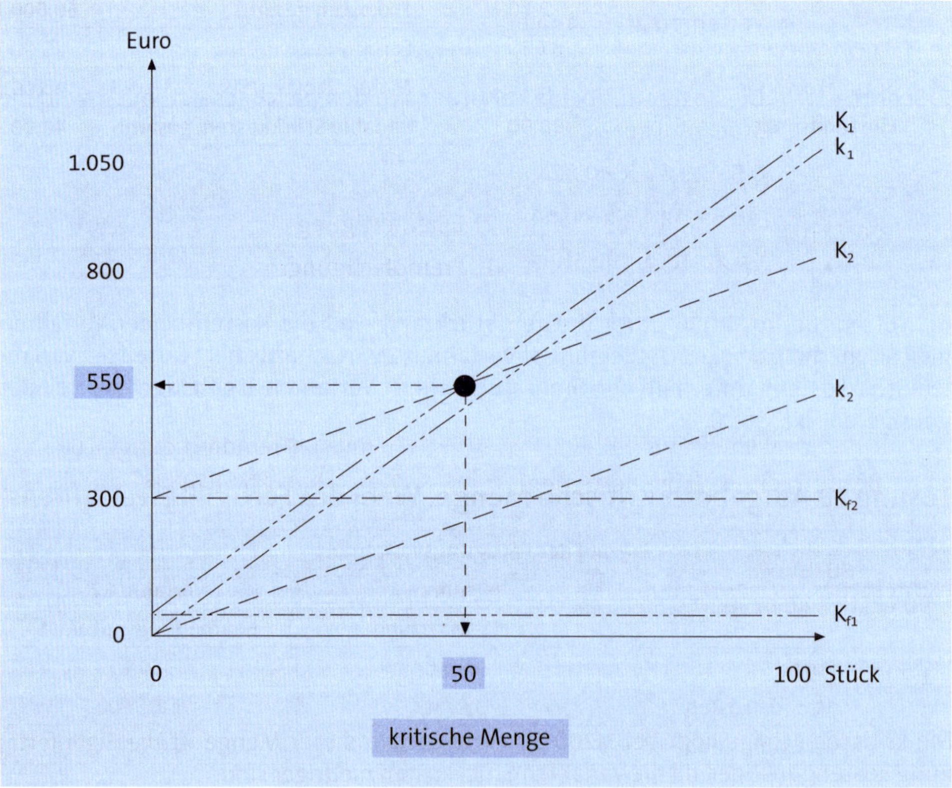

Legende:
k = variable Kosten
K_f = fixe Kosten
K = Gesamtkosten
1, 2 = Verfahren 1, 2

Ergebnis:
Bei Überschreiten der kritischen Menge ist das kostengünstigere Verfahren zu wählen; es ist das Verfahren, das zwar höhere Fixkosten aber geringere variable Kosten hat.

Lösung zu Aufgabe 3: Eigen- oder Fremdfertigung, Auswahlproblem (1)

Rechnerische Lösung:

Stückkalkulation - Fremdbezug		
	Listeneinkaufspreis	100,00
-	10 % Rabatt	- 10,00
=	Zieleinkaufspreis	90,00
-	3 % Skonto	- 2,70
=	Bareinkaufspreis	87,30
+	Bezugskosten	2,70
=	**Einstandspreis**	**90,00**

Stückkalkulation - Eigenfertigung		
	kalkulatorische Abschreibung: (400.000 - 50.000) : 10 =	35.000
+	kalkulatorische Zinsen: 400.000 : 2 • 8 : 100 =	16.000
+	sonstige Fixkosten	9,000
=	**Fixkosten gesamt**	**60.000**
	Fertigungslohn/Stk.	25,00
+	Materialkosten/Stk.	15,00
=	**variable Stückkosten, gesamt**	**40,00**

$$x = \frac{K_{f2} - K_{f1}}{k_1 - k_2}$$

2: Eigenfertigung
1: Fremdfertigung

modifiziert sich zu

$$x = \frac{K_f\,(\text{Eigenfertigung})}{\text{Bezugspreis} - k_v\,(\text{Eigenfertigung})}$$

mit k_f (Fremdfertigung) = 0
k_1 = Bezugspreis

$$= \frac{60.000\ €}{90\ €/\text{Stk.} - 40\ €/\text{Stk.}}$$

= 1.200 Stück

Die kritische Menge liegt bei 1.200 Stück. Oberhalb dieser Menge ist die Eigenfertigung kostengünstiger, da die variablen Stückkosten niedriger sind.

- Für die Planmenge p. a. ergibt sich
  - bei Eigenfertigung: 1.800 Stk. • 40 €/Stk. + 60.000 € = 132.000 €
  - bei Fremdbezug: 1.800 Stk. • 90 €/Stk. = 162.000 €

→ Kosteneinsparung p. a. durch den Wechsel von Fremdbezug zur Eigenfertigung = 30.000 €

Grafische Lösung:

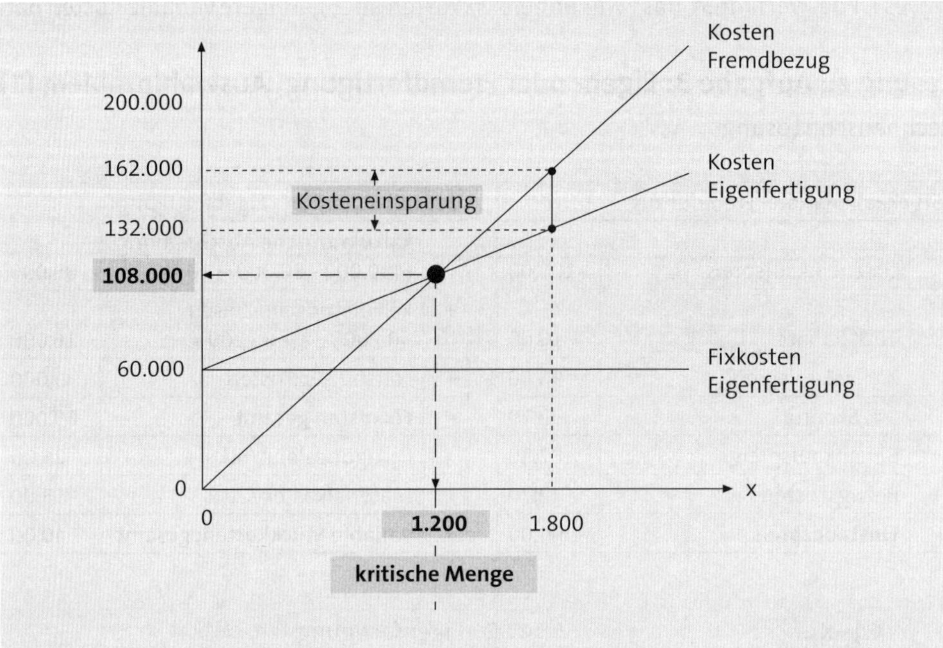

Lösung zu Aufgabe 4: Eigen- oder Fremdtransport, Auswahlproblem (1)

Es soll gelten:

	Eigentransport (E)	**Fremdtransport (F)**
fixe Kosten	K_E	K_F
variable Kosten pro km	k_E	k_F

Im kritischen Punkt gilt:

$$K_E + km \cdot k_E = K_F + km \cdot k_F$$
$$km \cdot k_E - km \cdot k_F = K_F - K_E$$
$$km\,(k_E - k_F) = K_F - K_E$$
$$\mathbf{km = (K_F - K_E) : (k_E - k_F)}$$

$$\text{Anzahl der kritischen Kilometer} = \frac{(\text{Fixkosten}_F - \text{Fixkosten}_E)}{(\text{variable Kosten}_F - \text{variable Kosten}_E)}$$

Es gilt:

	Eigentransport (E)	Fremdtransport (F)
fixe Kosten	80.000 €	12.000 €
variable Kosten pro km	0,60 €	2,20 €

km = (12.000 - 80.000) : (0,6 - 2,2)

km = - 68.000 : - 1,6

km = 42.500 €

Probe: 80.000 + 25.500 = 12.000 + 93.500

Lösung zu Aufgabe 5: Reisender oder Handelsvertreter, Auswahlproblem

a) Zielumsatz: 480 € • 200 Stück = 96.000 €

Reisender		4.000 €	Bruttogehalt, mtl.
	+	3.200 €	Gehaltszusatzkosten
	=	7.200 €	Gehaltskosten, mtl.
	+	1.920 €	Provision
	=	**9.120 €**	**Gehaltskosten, gesamt**
Vertreter		2.000 €	Fixum, mtl.
	+	9.600 €	Provision
	=	**11.600 €**	**Gesamtkosten**

b) $7.200 + x \cdot 480 \cdot 0{,}02 = 2.000 + x \cdot 480 \cdot 0{,}1$

$\rightarrow x = 135{,}42$ (rund 135 Stück)

c)

Merkmal	Reisender[1]	Vertreter[1, 2]
Verkaufstechnik	+	++
Kundenbetreuung	++	+
Einsatz, Engagement	-	++
Kontrolle	+	-
Flexibilität	-	+
Kundenpflege	++	-
Loyalität zum Unternehmen	+	-
Produktkenntnisse	++	-

1 Die Bewertung ist subjektiv.

2 Bei einem Mehrproduktvertreter verschlechtert sich in der Regel die Bewertung.

Lösung zu Aufgabe 6: Eigen- oder Fremdtransport, Auswahlproblem (2)

a) $18.000\ € + 2{,}20\ € \cdot x = 60.000\ € + 6.000\ € + 38.400\ € + 0{,}40\ x$

$1{,}8\ x\ €/km = 86.400\ €$

$x = 48.000\ km\ p.\ a.$

b)

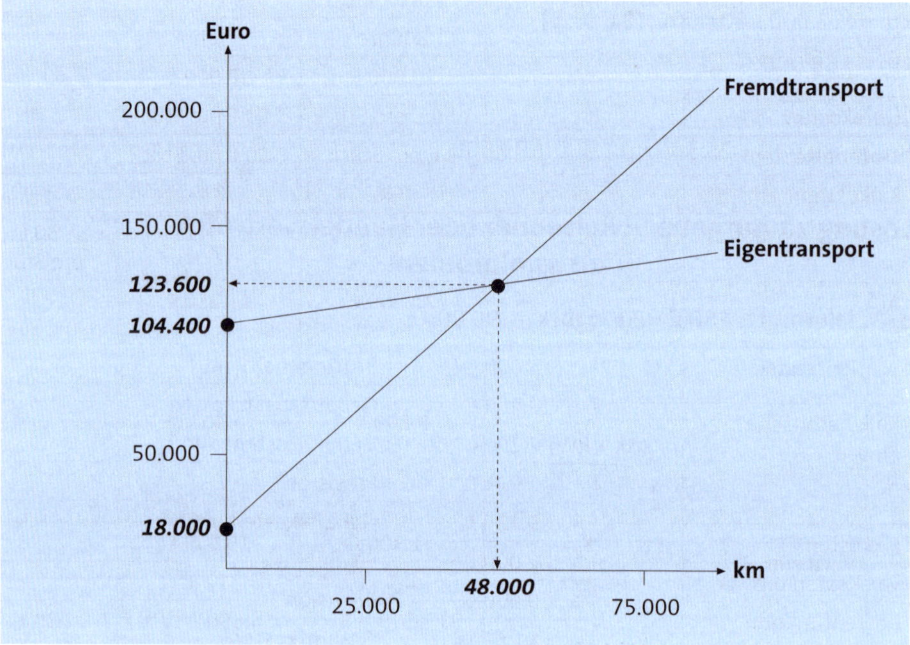

c) Neben einem Vergleich der Kosten gibt es weitere Kriterien, die bei der Entscheidung „Eigentransport versus Fremdtransport" herangezogen werden sollten, z. B.:

- **Know-how:**
  Fahrpersonal (Ausbildung, Erfahrung), Gefahrgutbeauftragter, laufende Schulungen, gesetzliche Änderungen
- **Werbung, Image:**
  Der eigene Fuhrpark kann für Werbezwecke genutzt werden. Außerdem kann der Eigentransport die Imagewirkung verbessern – er beweist Kompetenz.
- **Abhängigkeit vom Spediteur/Frachtführer:**
  Je nach Größe des Transportvolumens besteht eine bestimmte Abhängigkeit vom Spediteur/Frachtführer (Transportvolumen, Termingestaltung, Servicebereitschaft).

Lösung zu Aufgabe 7: Eigen- oder Fremdfertigung, zwei Verfahren, Auswahlproblem (2)

	Abk.	Verfahren 1	Verfahren 2	Fremdbezug
Kapazität		2.500 Stück	2.500 Stück	
Anschaffungskosten	AK	200.000 €	100.000 €	
Nutzungsdauer	n	8 Jahre	8 Jahre	
Restwert	RW	20.000 €	10.000 €	
Lohnkosten	K_{f1}	1,50 € pro Stück	3,50 € pro Stück	
Materialkosten	K_{f2}	3 € pro Stück	8,50 € pro Stück	
Kalkulationszinssatz	p	8 %	8 %	
Kosten pro Stück	k_f			30 € pro Stück
AfA	$\frac{(AK - RW)}{n}$	22.500 €	11.250 €	
Kalkulatorische Zinsen	$\frac{(AK + RW)}{2} \cdot i$	8.800 €	4.400 €	
Fixkosten	K_f	31.300 €	15.650 €	
var. Kosten pro Stk.	k_v	4,5 x	12 x	
Kostenfunktion	$K = K_f + x \cdot k_v$	31.300 + 4,5 x	15.650 + 12 x	30 x

Rechnerische Lösung:

(1) Kritische Menge von Verfahren 1 und Verfahren 2:
Beide Kostenfunktionen werden gleichgesetzt und nach x aufgelöst.

$$31.300 + 4{,}5\,x = 15.650 + 12\,x$$
$$x = 2.087 \text{ Stück}$$

(2) Kritische Menge von Verfahren 1 und Fremdbezug:

$$31.300 + 4{,}5\,x = 30\,x$$
$$x = 1.228 \text{ Stück}$$

(3) Kritische Menge von Verfahren 2 und Fremdbezug:

$$15.650 + 12\,x = 30\,x$$
$$x = 869 \text{ Stück}$$

Zeichnerische Lösung:

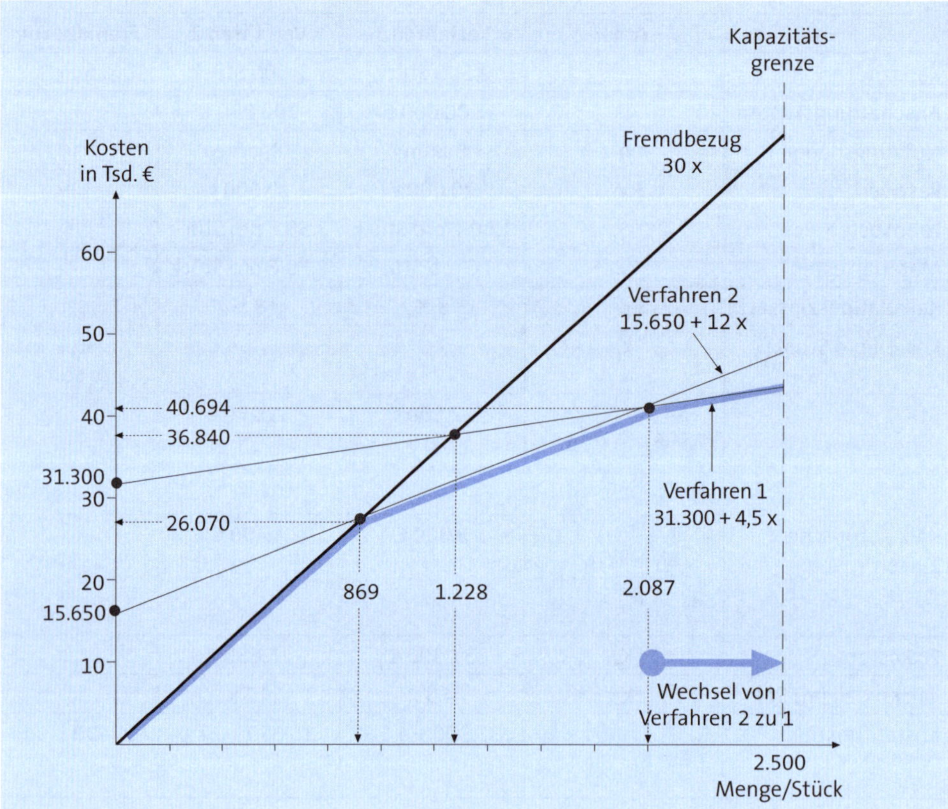

Achtung: Die angegebenen Werte enthalten Rundungsdifferenzen!

Empfehlung: Innerhalb folgender Intervalle ist am kostengünstigsten …

	Fremdbezug	**Verfahren 2**	**Verfahren 1**
kostengünstigstes Intervall in Stück	**(0 ; 869)**	**(870 ; 2.087)**	**(2088 ; 2.500)**

2.3.4 Nutzwertrechnung

Lösung zu Aufgabe 1: Nutzwertanalyse, Ordinalskalierung mit Gewichtung

a)

Merkmale	Gewichtung	Maschine 1		Maschine 2		Maschine 3	
		Wert	gew. Wert	Wert	gew. Wert	Wert	gew. Wert
Papierlaufbreite	2	30	60	20	40	20	40
Oberflächen	1	10	10	10	10	30	30
Bogenführung	3	10	30	30	90	10	30
Falztechnik	2	20	40	20	40	30	60
Stapelanlage	1	10	10	30	30	20	20
Voreinstellungen	3	30	90	30	90	10	30
Summe			**240**		**300**		**210**

Für Maschine 2 ergibt sich der höchste Nutzwert. Dies heißt im vorliegenden Fall jedoch nicht, dass die Entscheidung zu Gunsten der Maschine 2 fällt. Das Ergebnis der Nutzwertanalyse (Erfassen der qualitativen Merkmale) muss in Zusammenhang mit den quantitativen Kriterien wie z. B. Preis, Lieferfrist usw. gesehen werden (vgl. Aufgabenstellung).

b) **Rechtliche Beurteilungsmerkmale,** z. B.:

- Einhaltung von Normvorschriften
- Auflagen der Kommune (z. B. Umweltschutz)
- Vertragsbedingungen (Gewährleistung usw.).

Soziale Beurteilungsmerkmale, z. B.:

- Design
- Ergonomie
- Bedienerfreundlichkeit.

c) **Vorteile der Nutzwertanalyse,** z. B.:

- Im Gegensatz zu den mathematischen Verfahren zur Beurteilung der Vorteil-haftigkeit von Investitionsobjekten erlaubt die Nutzwertanalyse eine Berücksichtigung qualitativer Merkmale.
- Die Beurteilungsmerkmale können unternehmensspezifisch gewählt und mithilfe der Gewichtung in eine Rangfolge gebracht werden.

d) **Risiken der Nutzwertanalyse,** z. B.:

- Merkmalsauswahl, Gewichtung und Skalierung sind subjektiv.
- Zuordnung der Merkmalsausprägungen ist subjektiv.
- Die Nutzwert-Rechnung täuscht eine Quasiobjektivität vor, die nicht gegeben ist.

Lösung zu Aufgabe 2: Nutzwertanalyse, Nominalskalierung ohne Gewichtung

Merkmale	Objekt 1	Objekt 2	Objekt 3
A	++	-	-
B	+	-	-
C	+	+	+
D	-	+	+
E	+	-	+
F	-	-	+
Summe der Nutzwerte	5	2	4
Rangordnung	**1**	**3**	**2**

Bei der hier vorliegenden Nominalskalierung ergibt sich der Nutzwert je Investitionsobjekt als Summe der positiv beurteilten Merkmale.

Ergebnis: Das Investitionsobjekt 1 ist am vorteilhaftesten.

Lösung zu Aufgabe 3: Nutzwertanalyse, Kardinalskalierung ohne Gewichtung

Merkmale	Objekt 1	Objekt 2
	Punkte	
A	10	6
B	4	4
C	2	6
D	6	6
E	6	8
F	8	10
Summe	**36**	**40**
Rangordnung	**2**	**1**

Legende:

Klasse	Ausprägung	Punkte
Klasse 1	sehr gut	10
Klasse 2	gut	8
Klasse 3	befriedigend	6
Klasse 4	schlecht	4
Klasse 5	sehr schlecht	2

Aufgrund der höheren Summe der Punkte erhält das Investitionsobjekt 2 den Vorzug.

2.4 Verfahren zur Bestimmung der wirtschaftlichen Nutzungsdauer und des optimalen Ersatzzeitpunktes

Lösung zu Aufgabe 1: Optimaler Ersatzzeitpunkt (1)

a) Der optimale Ersatzzeitpunkt ist der Zeitpunkt, an dem es wirtschaftlich sinnvoll ist, ein technisch noch nutzungsfähiges Objekt, dessen Wartungs- und Reparaturkosten sich von Jahr zu Jahr erhöhen, durch ein neues Objekt zu ersetzen.

Wie bei der optimalen Nutzungsdauer einer einmaligen Investition, ist der optimale Ersatzzeitpunkt der Zeitpunkt, an dem der Kapitalwert der Investition sein Maximum erreicht. Bei einer einmaligen Wiederholung der Investition wird der optimale Ersatzzeitpunkt folgendermaßen ermittelt:

- Zuerst wird die optimale Nutzungsdauer der Folgeinvestition ermittelt, d. h. der größte Kapitalwert wird bestimmt. Damit ist die Bestimmung der optimalen Nutzungsdauer des neuen Investitionsobjektes Voraussetzung für die Bestimmung des optimalen Ersatzzeitpunktes des alten Objektes.
- Aus den Einzahlungsüberschüssen des alten Investitionsobjektes werden unter Berücksichtigung des jeweiligen Liquidationserlöses und des maximalen Kapitalwertes der neuen Investition für verschiedene Lebensdauern die Kapitalwerte berechnet, die sich immer auf das gleiche alte Objekt beziehen, aber eine unterschiedliche Laufzeit unterstellen.
- Von den verschiedenen Kapitalwerten wird der Größte ausgewählt. Die dazugehörende Laufzeit ist der optimale Ersatzzeitpunkt.

b) Unter optimaler Nutzungsdauer wird der Zeitraum zwischen Anschaffung und Ausscheiden aus rechtlichen, technischen und wirtschaftlichen Gründen eines Investitionsobjektes verstanden, solange die Einzahlungen ihrem Optimum entgegenstreben.

Der optimale Ersatzzeitpunkt ist dann gekommen, wenn bei Installierung einer neuen Anlage der Gewinn größer ist als bei der alten.

Lösung zu Aufgabe 2: Optimaler Ersatzzeitpunkt (2)

Der Kapitalwert ist für jeden möglichen Ersatzzeitpunkt gesondert zu berechnen:

Ersatz zum Zeitpunkt ...	Zahlungen unter Berücksichtigung des Ersatzzeitpunkts					Kapitalwert (7 %)
	t = 0	t = 1	t = 2	t = 3	t = 4	
t_0	220.000,00 307.902,53					527.902,53
t_1	120.000,00	180.000,00 307.902,53				575.983,67
t_2	120.000,00	105.000,00	170.000,00 307.902,53			635.549,42

Ersatz zum Zeitpunkt ...	Zahlungen unter Berücksichtigung des Ersatzzeitpunkts					Kapitalwert (7 %)
	t = 0	t = 1	t = 2	t = 3	t = 4	
t_3	120.000,00	105.000,00	105.000,00	140.000,00 307.902,53		**675.463,79**
t_4	120.000,00	105.000,00	105.000,00	90.000,00	60.000,00 307.902,53	663.979,80

Der optimale Ersatzzeitpunkt ist nach drei Jahren.

Nebenrechnung:

Errechnung der Kapitalwerte = Erlöse - Betriebskosten + Restverkaufserlös

z. B. 400 - 280 + 100 = 220 Tsd. €

q: = 1.07 AW: = 307.902,53

$$t_0: \frac{220.000 + AW}{q^0} = 527.902,53$$

$$t_1: \frac{120.000}{q^0} = \frac{180.000 + AW}{q^1} = 575.983,67$$

$$t_2: \frac{120.000}{q^0} = \frac{105.000}{q^1} = \frac{170.000 + AW}{q^2} = 635.549,42$$

$$t_3: \frac{120.000}{q^0} = \frac{105.000}{q^1} = \frac{105.000}{q^2} = \frac{140.000 + AW}{q^3} = 675.463,79$$

$$t_4: \frac{120.000}{q^0} = \frac{105.000}{q^1} = \frac{105.000}{q^2} = \frac{90.000}{q^3} = \frac{60.000 + AW}{q^4} = 663.979,80$$

Lösung zu Aufgabe 3: Optimaler Ersatzzeitpunkt (3)

Zum Zeitpunkt t_0 gilt:

$$C_0 = L_A + (ü_N \cdot \frac{q^n - 1}{q^n (q - 1)} + L_N \cdot \frac{1}{q^n} - a_N) \cdot \frac{q^n}{q^n - 1}$$

$$= 10.000 + (40.000 \cdot 6,144567 + 10.000 \cdot 0,385543 - 200.000) \cdot \frac{2,593742}{2,593742 - 1}$$

= 90.783 €

Zum Zeitpunkt t_1 gilt:

$$C_0 = [\ddot{u}_A + L_A + (\ddot{u}_N \cdot \frac{q^n - 1}{q^n (q - 1)} + L_N \cdot \frac{1}{q^n} - a_N) \cdot \frac{q^n}{q^n - 1}] \cdot \frac{1}{q}$$

$$= [25.000 + 10.000 + (40.000 \cdot 6{,}144567 + 10.000 \cdot 0{,}385543 - 200.000)$$

$$\frac{2{,}593742}{2{,}593742 - 1}] \cdot \frac{1}{1{,}10}$$

= 105.258 €

Es ist vorteilhafter, dass alte Objekt erst in der nächsten Periode durch die neue Anlage zu ersetzen, da dann der Kapitalwert um 14.476 € größer ist.

2.5 Investitionskontrolle

Lösung zu Aufgabe 1: Investitionskontrolle (1)

a) Begriff „Investitionskontrolle“:

Die Investitionskontrolle ist die Gesamtheit aller Maßnahmen, die darauf abzielen, den Realisierungsgrad der betrieblichen Investitionsvorhaben zu erfassen, um – soweit möglich – Korrekturmaßnahmen einzuleiten und um künftige Investitionen auf eine bessere planerische Grundlage zu stellen.

Dabei erfolgt ein Vergleich zwischen den (geplanten) Sollwerten und den Istwerten einer Investition für die Ermittlung von Planungsabweichungen und deren Ursachen sowie für die Verbesserung der zukünftigen Investitionsplanung.

Der Zweck der Investitionskontrolle besteht – wie bei jedem Controllingprozess darin,

- die Abweichungen zwischen Plan- und Istwerten festzustellen,
- die Abweichungen zu analysieren und ihre Ursachen zu ermitteln sowie
- mögliche Korrekturen vorzunehmen.

b) Es lassen sich folgende Gliederungsmerkmale unterscheiden:

Arten der Investitionskontrolle		
Umfang	**Einzel-kontrolle**	(auch: individuelle/objektbezogene Kontrolle) Bezieht sich auf die einzelne Investition.
	Global-kontrolle	(auch: summarische Kontrolle) Erfasst ein Investitionsbündel, z. B. einen Unternehmensbereich, über den Aussagen im Sinne eines Return on Investment-Konzeptes getroffen werden. Dies geschieht vor allem mithilfe von Bewegungsbilanzen.
Kontrollperson	**Eigen-kontrolle**	Die Eigenkontrolle erfolgt durch das investierende Unternehmen selbst, und zwar meist durch eine entsprechend qualifizierte Stelle (Abteilung oder Stabsstelle im Rechnungswesen, z. B. das Controlling, interne Revision).
	Fremd-kontrolle	Die Fremdkontrolle durch Außenstehende ist durch besondere Unabhängigkeit der Kontrollorgane gekennzeichnet (Vermeidung von Manipulationen und Betriebsblindheit).
Zeitpunkt	**Laufende Kontrolle**	Die laufende Investitionskontrolle erfolgt in regelmäßigen Abständen, etwa einmal jährlich.
	Gelegentliche Kontrolle	Die gelegentliche Investitionskontrolle erfolgt bei bestimmten Anlässen (z. B. Ablauf der technischen oder wirtschaftlichen Nutzungsdauer (optimale Nutzungsdauer), Ende der Anlaufzeit, Erreichen der statischen oder dynamischen Amortisationszeit, Ablauf von Gewährleistungs- und Garantiefristen, vor Großreparaturen, beim Erscheinen funktionsgleicher neuer Maschinen).

Lösung zu Aufgabe 2: Investitionskontrolle (2)

Plandaten, die im Rahmen der Investitionskontrolle insbesondere zu überprüfen sind, z. B.:

- Prämissen, z. B.
  - Nutzungsdauer
  - Einnahmenüberschüsse
  - Kosten, Erlöse
- Amortisationsdauer
- Rentabilität
- kalkulatorischer Zins.

1. Finanzierung

1.1 Bezugsrecht

Das *Bezugsrecht* ist das Recht eines Aktionärs auf Bezug neuer Aktien bei einer ordentlichen Kapitalerhöhung. Das Bezugsrecht ist ein Geldwert, der an der Börse gehandelt wird. Der Bezugswert kann rein rechnerisch ermittelt werden. Der tatsächliche Geldwert ergibt sich durch Angebot und Nachfrage.

$$\textbf{Wert des Bezugsrechts} = \frac{\text{Kurs}_{\text{alte Aktien}} - \text{Kurs}_{\text{neue Aktien}}}{\frac{\text{Anzahl}_{\text{Aktien alt}}}{\text{Anzahl}_{\text{Aktien neu}}} + 1}$$

$$\textbf{Bezugsverhältnis} = \frac{\text{Anzahl alter Aktien}}{\text{Anzahl neuer Aktien}} = \frac{\text{Grundkapital}}{\text{Erhöhung des Grundkapitals}}$$

1.2 Aktien, Durchschnittskurs, Mittelkurs, Bilanzkurs

$$\textbf{Durchschnittskurs} = \frac{\text{Kurs alte Aktien} \cdot \text{Anzahl} + \text{Kurs junge Aktien} \cdot \text{Anzahl}}{\text{Anzahl alte Aktien} + \text{Anzahl junge Aktien}}$$

$$\textbf{Mittelkurs} = \frac{\text{Aktienkapital (alt)} + \text{Kapitalerhöhung}}{\text{Anzahl alte Aktien} + \text{Anzahl junge Aktien}}$$

$$\textbf{Bilanzkurs} = \frac{\text{EK} \cdot \text{rechnerischer Nennwert pro Aktie}}{\text{Grundkapital}}$$

$$\textbf{korrigierter Bilanzkurs} = \frac{\text{gezeichnetes Kapital} + \text{Rücklagen (offene + stille)}}{\text{Grundkapital}}$$

1.3 Zinsberechnung

$$\textbf{Jahreszinsen} = \frac{\text{Kapital} \cdot \text{Zinssatz} \cdot \text{Tage}}{100}$$

$$\textbf{Monatszinsen} = \frac{\text{Kapital} \cdot \text{Zinssatz} \cdot \text{Tage}}{100 \cdot 12}$$

$$\textbf{Tageszinsen} = \frac{\text{Kapital} \cdot \text{Zinssatz} \cdot \text{Tage}}{100 \cdot 360}$$

Kaufmännische Berechnung: Jahr = 360 Tage; Monat = 30 Tage (außer bei Laufzeit bis Ende Januar); 1. Tag des Monats zählt nicht, letzter Tag zählt.

1.4 Lieferantenkredit, Skontosatz

Zahlungsbetrag = Eingangsrechnung - 3 % Skonto, z. B. 10 Tage

Skontovorteil = Skontobetrag - Kontokorrentzinsen

$$\textbf{Zinstage} = \frac{\text{Skontobetrag} \cdot 100 \cdot 360}{\text{Zahlungsbetrag} \cdot \text{Kontokorrentzinssatz}}$$

Faustformel:

$$\textbf{effektiver Jahreszins} = \frac{\text{Skontosatz} \cdot 360}{\text{Zahlungsziel} - \text{Skontofrist}}$$

1.5 Effektivverzinsung

Näherungsformel

$$r = \frac{p + \frac{RK - AK + K_e}{n}}{AK} \cdot 100$$

p = Nominalzinssatz in % p. a.
n = Laufzeit des Darlehens in Jahren
RK = Rückzahlungskurs
AK = Auszahlungskurs
K_e = einmalige Kosten in % des Nennwertes

Finanzmathematisch lässt sich die Effektivverzinsung genauer mithilfe des Restwertverteilungsfaktors (RVF; vgl. Tabellenwerke) berechnen:

$$r = \frac{p + (RK - AK) \cdot RVF}{AK} \cdot 100$$

Bei *unterjähriger Zinszahlung* (hier: halbjährlich) steigt die Effektivverzinsung, da die Zinsen früher zu bezahlen sind. Die Berechnung erfolgt mit der Formel:

$$r = [(1 + \frac{1}{m})^m - 1] \cdot 100$$

m = Anzahl der unterjährigen Zinszahlungen
i = p : 100

1.6 Wechsel, Diskontzinsen

		Diskont
	+	Spesen
Rechnungsbetrag =	=	Zwischensumme
	+	USt
	=	Rechnungsbetrag

$$\textbf{Diskontzinsen} = \frac{\text{Wechselbetrag} \cdot \text{Diskontsatz} \cdot \text{Laufzeit}}{100 \cdot 360}$$

Faustformel:
Effektiver Zinssatz, r = $\frac{DB + DS}{KB} \cdot \frac{360}{WL} \cdot 100$

DB = Diskontbetrag
DS = Diskontspesen
KB = Wechselbetrag - DB - DS
WL = Wechsellaufzeit

1.7 Finanzierung aus Abschreibungsgegenwerten

Finanzierung aus Abschreibungsgegenwerten

- **Effekt der Kapitalfreisetzung**
- **Effekt der Kapazitätserweiterung** (Lohmann-Ruchti-Effekt)

	Jahre 1	2	3	4	5	6
Werk 1	50.000	50.000	50.000	50.000		
Werk 2		50.000	50.000	50.000	50.000	
Werk 3			50.000	50.000	50.000	50.000
Werk 4				50.000	50.000	50.000
Gesamt-AfA pro Jahr	50.000	100.000	150.000	200.000	150.000	100.000
- Ersatzbeschaffung		–		- 200.000	- 200.000	- 200.000
Kapitalfreisetzung	50.000	150.000	300.000	300.000	250.000	150.000
Kapazitätserweiterung	–		- 200.000	- 200.000	- 200.000	–

Das Beispiel zeigt, dass unter den genannten Bedingungen ab dem 3. Jahr Mittel für Erweiterungsinvestitionen zur Verfügung stehen. Diesen **Kapazitätserweiterungseffekt** nennt man auch *„Lohmann-Ruchti-Effekt"*. Er lässt sich berechnen mit der Näherungsformel:

$$\text{Kapazitätserweiterungsfaktor KEF} = \frac{2 \cdot n}{n + 1}$$

n = Nutzungsdauer in Jahren

Kapazitätserweiterung = Ausgangskapazität • KEF

1.8 Bilanzanalyse

1.8.1 Ermittlung der Gewinn- und Verlustrechnung nach betriebswirtschaftlichen Gesichtspunkten (Erfolgsspaltung)

-	Betriebliche Erträge Materialaufwand	**Rohergebnis** auch: Rohertrag	**Ergebnis der gewöhnlichen Geschäftstätigkeit**
- - -	Personalaufwand Betriebliche Abschreibungen Sonstiger betrieblicher Aufwand	**Ordentliches Betriebsergebnis (Operating Profit)**	
Leistungsbedingt und nicht ungewöhnlich			
 + - -	Erträge aus Wertpapieren Zinsen und ähnliche Erträge Abschreibungen auf Finanzanlagen und Wertpapiere des Umlaufvermögens Zinsen und ähnliche Aufwendungen	**Finanzergebnis** *Ergibt sich aus Aktivitäten auf dem Geld- und Kapitalmarkt*	

=	Außerordentliche Erträge	*Erfasst alle periodenfremden, ungewöhnlichen, zufälligen und seltenen Komponenten*	**Außerordentliches Ergebnis**
-	Außerordentliche Aufwendungen		
- -	Steuern vom Einkommen und Ertrag Sonstige Steuern	**Steuerergebnis**	
=	*Folge von handels- und steuerrechtlichen Bewertungsmethoden*	**Jahresüberschuss/ fehlbetrag**	**Gesamtergebnis/ Bewertungsergebnis**

1.8.2 Kennzahlen zur Vermögenslage

$$\textbf{Anlagenintensität} = \frac{\text{Anlagevermögen}}{\text{Gesamtvermögen}} \cdot 100$$

Die Anlagenintensität (A.) zeigt den Anteil des in Vorräten gebundenen Kapitals. Ein hohes Anlagevermögen führt tendenziell zu einer Inflexibilität und hohen Fixkosten. Eine unzureichende Auslastung der Kapazitäten hat finanzielle Belastungen zur Folge. Die A. ist niedrig, wenn ein hoher Teil der Anlagegüter bereits abgeschrieben sind und hoch, wenn die Anlagen erst vor kurzem angeschafft wurden. Sind die Anlagen geleast, so sind sie nicht zu aktivieren und in der A. nicht ersichtlich.

$$\textbf{Vorratsintensität} = \frac{\text{Vorräte}}{\text{Gesamtvermögen}} \cdot 100 \text{ oder } \frac{\text{Vorräte}}{\text{Umsatzerlöse}} \cdot 100$$

Die Vorratsintensität zeigt die Kapitalbindung in den RHB-Stoffen sowie fertigen/unfertigen Erzeugnissen. Eine hohe Vorratsintensität kann begründet sein im Einkauf großer Mengen (Einkaufsbedingungen), unzureichender Lagerorganisation, längeren Produktionszeiten bei materialintensiver Herstellung oder Absatzproblemen (Lageranstieg der fertigen/unfertigen Erzeugnisse).

$$\textbf{Umlaufintensität} = \frac{\text{Umlaufvermögen}}{\text{Gesamtvermögen}} \cdot 100$$

auch: Arbeitsintensität

Eine hohe Umlaufintensität lässt auf materialintensive Herstellung schließen und bedingt damit hohe Lagerkosten. Sie kann jedoch auch in einem hohen Forderungsstand begründet sein.

$$\textbf{Forderungsintensität} = \frac{\text{Forderungen}}{\text{Gesamtvermögen}} \cdot 100$$

Eine hohe Forderungsintensität ist in hohen Außenständen begründet und beeinträchtigt die Liquidität.

Umschlagshäufigkeit = Umsatz : *Gewählte Größe X*

Die Umschlagshäufigkeit (UH) setzt eine *gewählte Größe X* (meist: Gesamtkapital → Kapitalumschlagshäufigkeit) in Beziehung zum Umsatz und zeigt für eine bestimmte Periode, wie oft diese Größe X umgeschlagen wurde. Je größer die UH ist, desto geringer ist die Dauer der Kapitalbindung.

$$\textbf{Rückstellungsquote} = \frac{\text{Rückstellungen}}{\text{Bilanzsumme}} \cdot 100$$

$$\textbf{Umschlagshäufigkeit des Gesamtvermögens} = \frac{\text{Umsatz}}{\text{Gesamtvermögen}}$$

$$\textbf{Umschlagshäufigkeit des Sachanlagevermögens} = \frac{\text{Umsatz}}{\text{Ø Bestand Sachanlagevermögen}}$$

$$\textbf{Umschlagshäufigkeit der Forderungen} = \frac{\text{Umsatz}}{\text{Ø Bestand an Forderungen}}$$

Der Forderungsumschlag sollte möglichst hoch sein: Dies deutet auf einen niedrigen durchschnittlichen Forderungsbestand hin bzw. kurze Zahlungsziele für die Kunden und zeigt ein effizientes Forderungsmanagement (durchschnittlich wenig Außenstände).

$$\textbf{Investitionsquote} = \frac{\text{Nettoinvestition bei Sachanlagen}}{\text{Anfangsbestand der Sachanlagen}} \cdot 100$$

Die Investitionsquote zeigt die Investitionsneigung des Unternehmens. Der Zeitvergleich gibt Aufschluss darüber, ob sich die Investitionstätigkeit verändert hat (*Nettoinvestition* = Gründungsinvestition + Erweiterungsinvestition bzw. Zugänge AHK[1]-Restbuchwert der Anlagenabgänge).

$$\textbf{Investitionsdeckung} = \frac{\text{Abschreibungen auf Sachanlagen}}{\text{Zugänge an Sachanlagen}} \cdot 100$$

Die Kennzahl zeigt, in welche Höhe Zugänge zu Sachanlagen aus Abschreibungen finanziert werden. Bei einem Ergebnis größer 100 % wurden nicht alle Abschreibungen investiert.

$$\textbf{Abschreibungsquote} = \frac{\text{Abschreibungen auf Sachanlagen}}{\text{Endbestand an Sachanlagen}} \cdot 100$$

Bei steigender Quote (über mehrere, aufeinander folgender Perioden) werden stille Reserven zu Lasten des Gewinns gebildet und bei sinkender Quote zu Gunsten des Gewinns aufgelöst.

$$\textbf{Anlagennutzungsgrad} = \frac{\text{Umsatz}}{\text{Sachanlagen}} \cdot 100$$

Die Kennzahl soll Aufschluss geben, in welche Maß eine Ausnutzung der Sachanlagen gegeben ist. Bei steigendem Wert (im Zeitvergleich) kann davon ausgegangen werden, dass die Sachanlagen eine verbesserte Ausnutzung erfahren.

---

1 AHK = Anschaffungs- und Herstellkosten

$$\textbf{Anlagenabnutzungsgrad} = \frac{\text{kumulierte Abschreibungen auf Sachanlagen}}{\text{Sachanlagenbestand zu Anschaffungskosten}} \cdot 100$$

Die Kennzahl zeigt das durchschnittliche Alter des Sachanlagevermögens.

1.8.3 Kennzahlen zur Finanzlage

- Bei der *horizontalen Analyse* (Relationen von Aktiv- und Passivpositionen) steht die Fristenkongruenz im Vordergrund.
- Die *vertikale Analyse* untersucht man die Vermögens- und Kapitalstruktur. Die Eigenkapitalausstattung steht im Mittelpunkt der Betrachtung. Das Eigenkapital hat eine Investitions-, Kredit-, Liquiditäts- und Haftungsfunktion.

$$\textbf{Eigenkapitalquote} = \frac{\text{Eigenkapital}}{\text{Gesamtkapital}} \cdot 100$$

Zu beachten ist, dass sich das Eigenkapital aus mehreren Bilanzpositionen zusammensetzen kann (Gezeichnetes Kapital: Grundkapital bei der AG/Stammkapital bei der GmbH, Kapitalrücklagen usw.; vgl. § 272 Abs. 2 und 3 HGB). Die Eigenkapitalquote sollte möglichst hoch sein.

Das **bilanzanalytische EK** unterscheidet sich vom EK nach HGB (§ 272 Abs. 2/3 HGB): Nicht die formale Zuordnung nach § 272 Abs. 2/3 HGB ist maßgebend, sondern der Charakter bestimmter Bilanzpositionen, die dem Eigenkapital zugerechnet oder in Abzug gebracht werden.

Das *bilanzanalytische Eigenkapital* wird nach folgendem Schema ermittelt:

Gezeichnetes Kapital
- Nicht eingeforderte Einlagen
+ Gewinnrücklagen
- Eigene Anteile
+ Stille Reserven
+ 60 % der Sopo mit Rücklagenanteil
- Firmenwert* (- latenter Steuern)
- Aktivierte Aufwendungen für Ingangsetzung/Erweiterung des Geschäftsbetriebs
- Aktiviertes Disagio* (- latente Steuern)
+ Jahresüberschuss
- Jahresfehlbetrag
+ Gewinnvortrag
- Verlustvortrag
- Ausschüttung (x % vom gez. Kapital)

= **Bilanzanalytisches Eigenkapital**

* ist beim Gesamtkapital in Abzug zu bringen wegen Verrechnung mit dem EK.

$$\textbf{Fremdkapitalquote} = \frac{\text{Fremdkapital}}{\text{Gesamtkapital}} \cdot 100$$ auch: Anspannungskoeffizient

Bonitätsgröße – je nach Größe und Branche des Unternehmens.

$$\textbf{Verschuldungskoeffizient} = \frac{\text{Fremdkapital}}{\text{Eigenkapital}} \cdot 100$$ auch: Verschuldungsgrad

Die Kennzahl gibt an, in wie weit das Unternehmen von außenstehenden Dritten in Relation zu den Eigenmitteln finanziert wurde; Kennzahl der Banken bei der Kreditwürdigkeitsprüfung.

Zu beachten sind folgende vertikalen Finanzierungsregeln.

1 : 1 -Regel	FK : EK ≤ 1	Gilt als *erstrebenswert!*
1 : 2 -Regel	FK : EK ≤ 2	Gilt als *gesund!*
1 : 3 -Regel	FK : EK ≤ 3	Gilt als *noch zulässig!*

Statische Liquiditätsanalyse, kurzfristig		
Liquidität 1. Grades auch: Barliquidität	$= \frac{\text{Flüssige Mittel}}{\text{Kurzfristige Verbindlichkeiten}} \cdot 100$	Kann unter 100 % liegen.
Liquidität 2. Grades auch: Einzugsliquidität	$= \frac{\text{Flüssige Mittel + kurzfristige Forderungen}}{\text{Kurzfristige Verbindlichkeiten}} \cdot 100$	Soll 100 % erreichen.
Liquidität 3. Grades auch: Umsatzliquidität	$= \frac{\text{Flüssige Mittel + kurzfristige Ford. + Vorräte}}{\text{Kurzfristige Verbindlichkeiten}} \cdot 100$	Soll 200 % erreichen.
Working Capital	= Kurzfristiges Umlaufvermögen - Kurzfristige Verbindlichkeiten	Soll positiv sein.

Statische Liquiditätsanalyse, langfristig **Das Prinzip der Fristenkonkurrenz ist zu beachten.**		
Goldene Bilanzregel I Deckungsgrad I	$= \frac{\text{EK}}{\text{AV}} \geq 1$	AV soll zu 100 % durch EK gedeckt sein.
Goldene Bilanzregel II Deckungsgrad II	$= \frac{\text{EK + langfristiges FK}}{\text{AV}} \geq 1$	AV soll zu 100 % langfristig finanziert sein.
Goldene Bilanzregel III Deckungsgrad III	$= \frac{\text{EK + langfristiges FK}}{\text{AV + langfristiges UV}} \geq 1$	AV + lfr. UV sollen zu 100 % langfristig finanziert sein.
Goldene Finanzierungsregeln auch: Goldene Bankregeln	$= \frac{\text{Kurzfristiges Vermögen}}{\text{Kurzfristiges Kapital}} \geq 1$ $= \frac{\text{Langfristiges Vermögen}}{\text{Langfristiges Kapital}} \leq 1$	Mittelbindung und Kapitalverfügbarkeit sollen sich entsprechen.

Dynamische Liquiditätsanalyse

Mithilfe der **Cashflow-Analyse** können zusätzliche Aussagen über die Finanz- und Ertragskraft des Unternehmens getroffen werden. Der Cashflow (Kassenfluss; auch: Einzahlungsüberschuss) ist der frei verfügbare Mittelstrom einer bestimmten Periode des

Unternehmens. Die Definition und Berechnungsmethode ist nicht einheitlich. Im einfachen Fall wird der Cashflow ermittelt als Überschuss der Einnahmen über die Ausgaben.

Dynamischer Verschuldungsgrad
Die Kennziffer zeigt, in wie viel Jahren die Verbindlichkeiten durch den Cashflow zurückgezahlt werden können (Entschuldungsdauer). Empfehlung: FK : Cashflow ≤ 3,5 Jahre

Netto Working Capital
Wird aus dem Working Capital durch Abzug der liquiden Mittel berechnet. Zeigt an, welcher Teil des kfr. UV langfristig finanziert ist; der Wert sollte möglichst klein sein.

= Kurzfristiges Umlaufvermögen
- Kurzfristige Verbindlichkeiten
- Liquide Mittel

$$\textbf{Selbstfinanzierungsgrad} = \frac{\text{Gewinnrücklagen}}{\text{Eigenkapital}} \cdot 100 \text{ oder: } \frac{\text{Gewinnrücklagen}}{\text{Gesamtkapital}} \cdot 100$$

Die Kennzahl gibt an, in welchem Maße die Gewinnrücklagen zur Bildung des Eigenkapitals bzw. des Gesamtkapitals beigetragen haben.

1.8.5 Kennzahlen zur Finanzlage

Der Cashflow zeigt, wie viel Geld das Unternehmen erwirtschaftet hat. Die *einfache Definition* für die Ermittlung des Cashflow lautet:

Cashflow = Einzahlungen - Auszahlungen

Der Cashflow wird stufenförmig ermittelt (Arten des Cashflow):

	Jahresüberschuss	
+	Abschreibungen	
-	Zuschreibungen zum AV	
=	**Cashflow I**	Cashflow im engeren Sinne
+	Erhöhung langfristiger Rückstellungen	
-	Auflösung langfristiger Rückstellungen	
=	**Cashflow II**	Allgemeiner Cashflow (Praktikermethode)
+	außerordentliche Aufwendungen	
-	außerordentliche Erträge	
+	Einstellungen in den Sonderposten mit Rücklageanteil	
-	Auflösung in den Sonderposten mit Rücklageanteil	
=	**Cashflow III**	Erweiterter Cashflow

$$\textbf{Cashflow-Rate} = \frac{\text{Cashflow}}{\text{Ø Gesamtkapital}} \cdot 100$$

$$\textbf{Cashflow-Umsatzrate} = \frac{\text{Cashflow}}{\text{Umsatz}} \cdot 100$$

$$\textbf{Schuldentilgungsdauer}\text{ (in Jahren)} = \frac{\text{Fremdkapital - flüssige Mittel}}{\text{Cashflow}}$$

$$\textbf{Investitions-Innenfinanzierungsgrad} = \frac{\text{Cashflow}}{\text{Nettoinvestitionen}} \cdot 100$$

1.8.6 Kennzahlen zur Aufwandsstruktur

$$\textbf{Personalintensität} = \frac{\text{Personalaufwand}}{\text{Gesamtaufwand}} \cdot 100$$

Die Kennzahl zeigt den prozentualen Anteil des Personalaufwands am Gesamtaufwand. Dabei umfasst der Personalaufwand: Löhne, Gehälter, gesetzliche Sozialabgaben, betriebliche Sozialleisten.

$$\textbf{Zinsaufwandquote} = \frac{\text{Personalaufwand}}{\text{Gesamtaufwand}} \cdot 100$$

$$\textbf{Ø Personalaufwand} = \frac{\text{Personalaufwand}}{\text{Ø Anzahl der Beschäftigten}}$$

$$\textbf{Materialintensität} = \frac{\text{Materialaufwand}}{\text{Gesamtaufwand}} \cdot 100$$ auch: Materialaufwandsquote

Die Kennzahl zeigt den prozentualen Anteil des Materialaufwands am Gesamtaufwand. Dabei umfasst der Materialaufwand: RHB-Stoffe und bezogene Ware.

$$\textbf{Abschreibungsintensität} = \frac{\text{Abschreibungsaufwand}}{\text{Gesamtaufwand}} \cdot 100$$

Die Kennzahl zeigt den prozentualen Anteil des Abschreibungsaufwands am Gesamtaufwand. Zu beachten ist dabei, dass der Abschreibungsaufwand bilanzpolitischen Veränderungen unterliegt.

1.8.7 Unterschiede zwischen den Kennzahlen „Produktivität, Wirtschaftlichkeit und Rentabilität“

$$\textbf{Produktivität} = \frac{\text{Produktionsmenge}}{\text{Faktoreinsatzmenge}}$$

Wichtige *Teilproduktivitäten* sind:

$$\textbf{Arbeitsproduktivität} = \frac{\text{Erzeugte Menge (Stk., E)}}{\text{Arbeitsstunden (h)}}$$

$$\textbf{Materialproduktivität} = \frac{\text{Erzeugte Menge (Stk., E)}}{\text{Materialeinsatz (t, kg, u. Ä.)}}$$

$$\textbf{Maschinenproduktivität} = \frac{\text{Erzeugte Menge (Stk., E)}}{\text{Maschinenstunden (h)}}$$

$$\textbf{Wirtschaftlichkeit} = \frac{\text{Leistungen}}{\text{Kosten}} \text{ oder: } = \frac{\text{Ertrag}}{\text{Aufwand}}$$

$$\textbf{Rentabilität} = \frac{\text{Periodenerfolg}}{\textit{gewählte Größe X}} \cdot 100$$

Die Rentabilität (auch: Rendite) ist eine *Wertkennziffer* und misst die *Ergiebigkeit des Kapitaleinsatzes* (oder des Umsatzes) zum Periodenerfolg. Als Größen für den Periodenerfolg werden verwendet: Gewinn, Return (Gewinn + Fremdkapitalzinsen), Cashflow.

Es werden vor allem folgende Rentabilitätszahlen betrachtet:

$$\textbf{Eigenkapitalrentabilität} = \frac{\text{Gewinn}}{\text{Eigenkapital}} \cdot 100$$

Zeigt die Beziehung von Gewinn (= Jahresüberschuss) zu Eigenkapital (= Grund-kapital + offene Rücklagen).

$$\textbf{Gesamtkapitalrentabilität} = \frac{\text{Gewinn + Fremdkapitalzinsen}}{\text{Gesamtkapital}} \cdot 100$$

Zeigt die Beziehung von Gewinn und Fremdkapitalzinsen zu Gesamtkapital; die Verzinsung des Gesamtkapitals zeigt die Leistungsfähigkeit des Unternehmens (vgl. Leverage-Effekt)[1]. Aus dieser Größe lässt sich durch Erweiterung des Quotienten mit dem Faktor Umsatz der Return on Investment (ROI) ableiten.

$$\textbf{Umsatzrentabilität} = \frac{\text{Gewinn}}{\text{Umsatz}} \cdot 100$$

[1] Der Anstieg der Eigenkapitalrendite kann bei zusätzlicher Aufnahme von Fremdkapital mit der Näherungsformel berechnet werden.

ROI Return on Investment $= \frac{\text{Return}^1}{\text{Umsatz}} \cdot \frac{\text{Umsatz}}{\text{investiertes Kapital}^2} \cdot 100$

$= \text{Umsatzrendite} \cdot \text{Kapitalumschlag}$

Rein rechnerisch ist der ROI (Return on Investment) identisch mit der Gesamtkapitalrentabilität.

Leverage-Effekt, Näherungsformel

Anstieg der Eigenkapitalrendite (%) $= R_{GK} + \frac{EK}{FK} \cdot (R_{GK} - i)$

EK = Eigenkapital
GK = Fremdkapital
i = Fremdkapitalzins (%)
R_{GK} = Rendite Gesamtkapital (%)

1.8.8 Kennzahlensystem nach Du Pont

Die Gesamtkapitalrentabilität ist definiert als:

Gesamtkapitalrentabilität = (Gewinn + Fremdkapitalzinsen) : Gesamtkapital • 100
= Return[1] : Gesamtkapital • 100
= R : K • 100

Durch die Erweiterung des Quotienten (R · 100 : K) mit der Größe Umsatz (U) entsteht eine differenzierte Berechnungsgröße, die sich aus den Faktoren (Umsatzrendite) und (Kapitalumschlag) zusammensetzt:

$$ROI = \frac{R \cdot 100 \cdot U}{K \cdot U} \rightarrow ROI = \frac{R \cdot 100}{U} \cdot \frac{U}{K}$$

ROI Return on Investment $= \frac{\text{Return}^1}{\text{Umsatz}} \cdot \frac{\text{Umsatz}}{\text{investiertes Kapital}^2} \cdot 100$

$= \text{Umsatzrendite} \cdot \text{Kapitalumschlag}$

1 Return (R) = Gewinn + FK-Zinsen
2 durchschnittlich betriebsnotwendiges Kapital

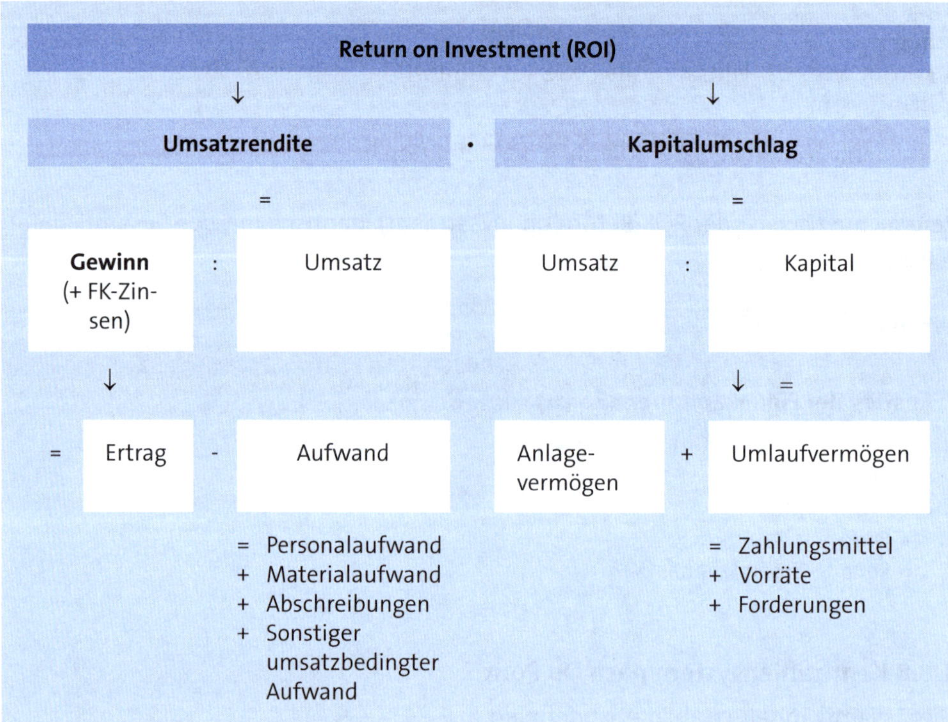

Aus dem Kennzahlensystem von Du Pont lassen sich Maßnahmen zur Verbesserung des ROI ableiten; die nachfolgenden Beispiele gelten unter der Voraussetzung, dass alle anderen Größen jeweils unverändert bleiben:

Der ROI steigt, wenn

- die Umsatzrendite steigt
- der Kapitalumschlag steigt
- der Kapitaleinsatz sich verringert
- die Verbindlichkeiten steigen
- die Forderungsbestände sinken
- der Gewinn steigt
- der Aufwand sinkt.

1.8.9 Return on Capital Employed (ROCE)

Der **Return on Capital Employed (ROCE)** wird berechnet als Quotient aus dem Net Operating Profit after Taxes (NOPAT; Netto-Betriebsergebnis nach Steuern) und dem Gesamtkapital abzüglich kurzfristiger, nicht zinstragender Verbindlichkeiten und liquider Mittel.

$$\textbf{ROCE} = \frac{\text{NOPAT}}{\text{Gesamtkapital - kurzfristiges Fremdkapital - liquide Mittel}}$$

Gebräuchlich ist in der Literatur auch die Definition:

$$\textbf{ROCE} = \frac{\text{EBIT}^{1}}{\text{Capital Employed}}$$

[1] *EBT:* earning before taxes = Gewinn + Steuern, *EBIT:* EBT before interest = EBT + Fremdkapitalzinsen

2. Investition

2.1 Finanzmathematische Grundlagen

Abzinsungsfaktor = $\frac{1}{(1+i)^n}$

n = Anzahl der Jahre
i = Zinssatz in Dezimalform

Aufzinsungsfaktor = $(1 + i)^n$

Zinseszinsformel, K_n = $K_0 \cdot q^n$

K_0 = Anfangskapital
K_n = Endkapital
q^n = Aufzinsungsfaktor
q = 1 + i

Barwertgewinnungsfaktor = $\frac{i \cdot (1+i)^n}{(1+i)^n - 1}$

Barwert für Rente, K_0 = $K_n \frac{1}{q^n}$

Effektiver Jahreszins bei unterjähriger Rente = $[(\frac{1+i}{m})^m - 1] \cdot 100^m$

m = Anzahl der unterjährigen Zahlungen

Renten-Endwertfaktor nachschüssig = $\frac{q^n - 1}{q - 1}$

Renten-Barwertfaktor nachschüssig = $\frac{q^n - 1}{q^n (q - 1)}$

2.2 Ermittlung des Kapitalbedarfs bei Neugründung/Erweiterung

	Kapitalbedarf Anlagevermögen, AV	Grundstücke, Gebäude, Maschinen
+	Kapitalbedarf Umlaufvermögen, UV	
+	Kapitalbedarf für Gründung und Ingangsetzung	
=	**Kapitalbedarf insgesamt**	

$$\text{Kapitalbedarf, Umlaufvermögen} = (\text{Kapitalbindungsdauer - Lieferantenziel}) \cdot \text{Ø tägliche Ausgaben/Tag}$$

Hinsichtlich der Kapitalbindungsdauer gilt:

- bei der Vorfinanzierungsdauer der Werkstoffe ist das Lieferantenziel zu subtrahieren,
- Fertigungslöhne sind ab Fertigungsbeginn zu rechnen,
- Undifferenzierte Gemeinkosten: es gilt der gesamte Zeitraum (ohne Abzug von Lieferantenziel),
- Fertigungsgemeinkosten: wie Fertigungslöhne,
- Verwaltungs- und Vertriebsgemeinkosten: in % der Herstellkosten

Beispiel

Vereinfacht:

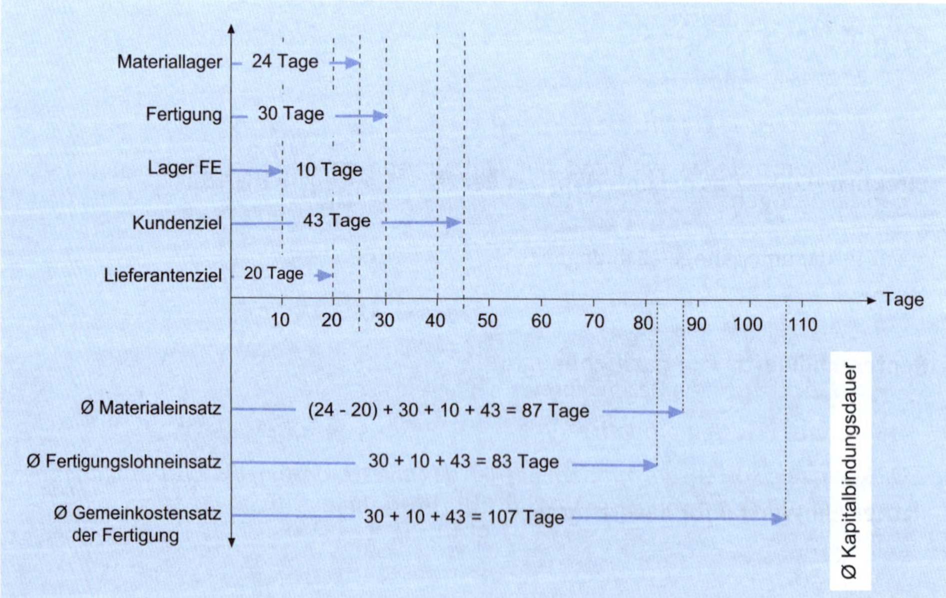

MERKE

Die Kapitalbindungsdauer kann z. B. durch eine Erhöhung der Lagerumschlagshäufigkeit gesenkt werden.

2.3 Statische Investitionsrechenverfahren

2.3.1 Kostenvergleichsrechnung

Die Kostenvergleichsrechnung hat das Ziel, die wirtschaftliche Zweckmäßigkeit von Investitionen zu überprüfen. Es werden die Kosten von zwei oder mehreren Investitionsobjekten/Verfahren gegenübergestellt und verglichen. *Dasjenige Investitionsobjekt/Verfahren ist vorteilhafter, bei dem die Kosten geringer sind.*

Kostenkomponenten:

1. *∅ kalkulatorische Abschreibung*:

   Der Kapitalverzehr wird auf ein Jahr bezogen (lineare AfA).

   $$AfA = \frac{AW^{1} - RW}{n}$$

   n = Nutzungsdauer in Jahren
   AfA = ∅ (lineare) Abschreibung pro Jahr
   AW = Anschaffungswert
   RW = Restwert
   ∅ = durchschnittlich

2. *∅ kalkulatorische Zinsen*:

   Sie werden auf das während der Nutzungsdauer durchschnittlich gebundene Kapital bezogen.

   $$Z = \frac{AW + RW}{2} \cdot i$$

   Z = Zinsen
   i = Kalkulationszins in Dezimalform

3. *∅ sonstige Fixkosten pro Jahr:*

   Dies sind alle Kosten, die mit dem Betrieb des Investitionsobjekts zusammenhängen, jedoch unabhängig von dessen Auslastung entstehen.

[1] oder – falls gegeben: WW = Wiederbeschaffungswert

4. Ø variable *Kosten pro Jahr:*

$$K_v = x \cdot k_v$$

K_v = variable Kosten
x = Ausbringungsmenge
k_v = variable Stückkosten

Varianten der Kostenvergleichsrechnung		
Varianten	*Situation*	*Auswahlentscheidung*
Variante 1	**Kostenvergleich identischer Anlagen:** Die *Kapazität* der betrachteten Anlagen ist *gleich.*	Kostenvergleich pro Periode
Variante 2	**Kostenvergleich nicht identischer Anlagen:** Die *Kapazität* der betrachteten Anlagen ist *verschieden.* Es wird eine Maximalkapazitätsausnutzung unterstellt.	Kostenvergleich pro Leistungseinheit/pro Stückkosten
Variante 3	**Kritische Menge:** Die *Kapazität* der betrachteten Anlagen ist *verschieden*; der zukünftige Leistungsgrad ist ungewiss.	Bestimmung der kritischen Menge durch Vergleich der Gesamtkosten, die in fixe und variable Kosten zerlegt werden.
Variante 4	**Kostenvergleich bei der Ersatzinvestition** einer Anlage unter Beachtung des Restwertes der alten Anlage.	$Kosten_{Neuanlage} < Kosten_{Altanlage}$
	$L = \frac{RW_A - RW_E}{RND}$	RWA = Restwert am Anfang der Vergleichsperiode RWE = Restwert am Ende der Nutzungsperiode RND = Restnutzungsdauer L = Ø Restwertminderung

2.3.2 Gewinnvergleichsrechnung

Die Gewinnvergleichsrechnung ergänzt die Kostenvergleichsrechnung um die Größe „Erlöse“ und ist damit aussagefähiger. Zu wählen ist diejenige Investition, die den größten durchschnittlichen Gewinn erzielt. Bei gleichen Erlösen pro Leistungseinheit für beide Investitionsobjekte kommt sie selbstverständlich zur gleichen Bewertung wie die Kostenvergleichsrechnung. Die Gewinnvergleichsrechnung setzt voraus, dass die erzielbaren Erlöse je Investitionsalternative über den gesamten Planungszeitraum ermittelt werden können.

Kostenkomponenten: wie Kostenvergleichsrechnung

Der Gewinn ergibt sich als Differenz von Umsatzerlösen und Kosten:

$$G = U - K$$
$$G = x \cdot p - K_f - x \cdot k_v$$

U = Umsatz
K = Gesamtkosten
K_f = Fixkosten
k_v = variable Stückkosten
x = Menge
p = Verkaufspreis

- Bei einer *Einzelinvestition* gilt:
  Die Vorteilhaftigkeit ist gegeben, wenn der Gewinn positiv ist bzw. ein bestimmter Mindestgewinn erreicht wird:

  $G > 0$ bzw. $G \geq$ Mindestgewinn

- Beim *Vergleich von zwei oder mehreren Investitionsobjekten* gilt:
  Es wird die Investition mit dem größeren Gewinn gewählt.

  $G_I > G_{II}$ → Anlage I ist vorteilhafter.
  $G_{II} > G_I$ → Anlage II ist vorteilhafter.

- Bei der *Lösung eines* **Ersatzproblems** (optimaler Ersatzzeitpunkt) werden die Erlöse der alten Anlage denen der neuen gegenübergestellt; Achtung: Die Restwertminderung der Altanlage ist zu berücksichtigen.

2.3.3 Rentabilitätsvergleichsrechnung

Die Rentabilitätsrechnung baut auf den Ergebnissen der Kostenvergleichs- bzw. Gewinnvergleichsrechnung auf und *berücksichtigt dabei den erforderlichen Kapitaleinsatz alternativer Investitionsobjekte.* Während also die Kostenvergleichsrechnung (nur) eine *relative Vorteilhaftigkeit* beim Vergleich alternativer Investitionsobjekte bietet, ermöglicht die *Rentabilitätsvergleichsrechnung* die Ermittlung der absoluten Vorteilhaftigkeit.

Die Rentabilitätsrechnung vergleicht die durchschnittliche jährliche Verzinsung des eingesetzten Kapitals alternativer Investitionsobjekte. Es gilt:

$$\text{Rentabilität} = \frac{\text{Return} \cdot 100}{\varnothing \text{ Kapitaleinsatz}}$$

- Die *Rentabilität R kann unterschiedlich definiert werden*, z. B.
  - als Rentabilität des Eigenkapitals, des Fremdkapitals, des Gesamtkapitals und als Umsatzrentabilität oder
  - als Return on Investment, ROI.

- Die Größe „Return" (Kapitalrückfluss) kann je nach Besonderheit des Betriebes oder des Sachverhaltes unterschiedlich definiert sein, z. B. als (Gewinn), (Gewinn + Abschreibungen), (Cashflow), (Erträge - Kosten).
- Bei Verwendung der Größe „Gewinn" wird nach vorherrschender Meinung der „Gewinn vor Zinsen" verwendet (keine Verminderung des Gewinns um die kalkulatorischen Zinsen):

$$\text{Rentabilität} = \frac{\text{Gewinn (vor Zinsen)} \cdot 100}{\varnothing \text{ Kapitaleinsatz}}$$

- Der durchschnittliche Kapitaleinsatz wird in der Regel wie folgt ermittelt:

Berechnung des ∅ Kapitaleinsatzes	
Vermögenswert:	*Wertansatz:*
1. Nicht abnutzbare Anlagegüter 2. Umlaufvermögen	Anschaffungswert
3. Abnutzbare Anlagegüter	$\frac{\text{Anschaffungswert + Restwert}}{2} = \frac{AW + RW}{2}$ oder $\frac{\text{Wiederbeschaffungswert + Restwert}}{2} = \frac{WW + RW}{2}$
► Beim *Vergleich von zwei oder mehreren Investitionsobjekten* gilt: Es wird die Investition mit der höheren Rentabilität gewählt. Auf Objekte, deren Rendite die geforderte Mindestverzinsung nicht erreicht, sollte verzichtet werden. $R_I > R_{II}$ → Anlage I ist vorteilhafter. $R_{II} > R_I$ → Anlage II ist vorteilhafter.	
► Bei einer *Einzelinvestition* gilt: Die Vorteilhaftigkeit ist gegeben, wenn die Rentabilität R eine bestimmte Mindestverzinsung erreicht oder überschreitet. $R \geq$ Mindestverzinsung	

2.3.4 Amortisationsvergleichsrechnung

Die *Amortisationsvergleichsrechnung (auch: Kapitalrückflussmethode, Payback-Methode/Payoff-Methode)* gehört ebenfalls zu den statischen Verfahren der Investitionsrechnung und baut auch auf den Ergebnissen der Kostenvergleichs- bzw. Gewinnvergleichsrechnung auf.

Die Vorteilhaftigkeit einer Investition wird an der Kapitalrückflusszeit t_w gemessen (Amortisationszeit = die Zeit, in der das eingesetzte Kapital wieder in das Unternehmen zurückgeflossen ist). Je geringer die Kapitalrückflusszeit ist, desto vorteilhafter wird das Investitionsvorhaben beurteilt.

- Bei einer *Einzelinvestition* gilt:
  Die Vorteilhaftigkeit ist gegeben, wenn die Amortisationszeit t_w einen bestimmten Zeitwert t* nicht überschreitet:

  $t_w \leq t^*$

- Beim *Vergleich von zwei oder mehreren Investitionsobjekten* gilt:
  Es wird die Investition mit der geringeren Kapitalrückflusszeit gewählt. Auf Objekte, deren Amortisationsdauer den geforderten Zeitwert t* überschreitet, sollte verzichtet werden.

  $t_{wI} < t_{wII}$ → Anlage I ist vorteilhafter.
  $t_{wII} < t_{wI}$ → Anlage II ist vorteilhafter.

- Man unterscheidet zwei Berechnungsmethoden:

1. Durchschnittmethode:

$$\text{Kapitalrückflusszeit (Jahre)} = \frac{\text{Kapitaleinsatz}}{\emptyset\ \text{Return}}$$

- Als Kapitaleinsatz wird in der Regel der Anschaffungswert AW vermindert um den Restwert RW verwendet.
- In der Regel wird als Größe für den ∅ Return die Summe aus (∅ Gewinn + jährliche Abschreibungen) genommen; ggf. sind im Nenner kalkulatorische Zinsen zu berücksichtigen; der Return ergibt sich dann als (∅ Gewinn + jährliche Abschreibungen + kalk. Zinsen).

Es gilt also:

$$\text{Kapitalrückflusszeit (Jahre)} = \frac{\text{Anschaffungswert - Restwert}}{\emptyset\ \text{Gewinn + Abschreibungen (p.a.)}}$$

$$t_w = \frac{AW - RW}{G + AfA}$$

2. Kumulationsmethode:

Die geschätzten jährlichen Zahlungsströme werden solange aufaddiert, bis der Kapitaleinsatz erreicht ist. Die Kumulationsrechnung ist genauer, da sie nicht mit einem repräsentativen Mittelwert rechnet, sondern die geschätzten Rückflüsse den einzelnen Jahren gesondert zuordnet.

Beispiel

Für eine *Einzelinvestition* soll gelten: AW = 80.000; RW = 0; n = 5

Es werden folgende Rückflüsse pro Jahr geschätzt:

Jahr	t_1	t_2	t_3	t_4	t_5
Kapitalrückfluss	10.000	25.000	45.000	70.000	100.000
Kapitalrückfluss, kumuliert	10.000	35.000	**80.000**	150.000	250.000

- Nach der Kumulationsmethode ergibt sich: $t_w = t_3$
- Nach der Durchschnittsmethode ist der durchschnittliche Kapitaleinsatz 50.000 (= 250.000 : 5). Daraus ergibt sich:

$$t_w = \frac{80.000}{50.000} = 1{,}6$$

- Dies bedeutet: Wenn die Kapitalrückflüsse eine ungleichmäßige Verteilung innerhalb des Nutzungszeitraums aufweisen, kann die Durchschnittsmethode zu Fehlentscheidungen führen.

2.3.5 Break-even-Analyse

Im Break-even-Point gilt für die kritische Menge x* bei der G = 0 bzw. U = K

$$x^* = \frac{K_f}{db}$$

K_f = Fixkosten
db = Deckungsbeitrag pro Stück = p - k_v
p = Verkaufspreis
k_v = variable Stückkosten

Die Break-even-Menge x* ergibt sich, indem man die Fixkosten K_f durch den Deckungsbeitrag pro Stück db dividiert.

2.4 Dynamische Investitionsrechenverfahren

2.4.1 Kapitalwertmethode

Die Kapitalwertmethode basiert auf der Überlegung, die Summe aller Einnahmen mit der Summe aller Ausgaben einer Investition zu vergleichen, um daraus eine Entscheidung über die Vorteilhaftigkeit der Investition ableiten zu können. Um eine Vergleichbarkeit der Einnahmen und Ausgaben vornehmen zu können, sind die *Barwerte* zu ermitteln:

Bezieht man eine zukünftige Einnahme (*Endwert*) auf den gegenwärtigen Zeitpunkt, so bezeichnet man dies als *Abzinsung*. Der Wert, den diese zukünftige Zahlung K_n bei einem Kalkulationszinsfuß i und n Jahren gegenwärtig annimmt, wird als *Barwert* K_0 bezeichnet.

Die Formel für die Abzinsung ist:

$$\text{Barwert} = \text{Endwert} : \left(\frac{100 + \text{Zinsfuß}}{100}\right)^{\text{Jahre}}$$

$$K_0 = K_n : (1 + i)^n$$

$$K_0 = K_n \frac{1}{q^n}$$

Der Abzinsungsfaktor

$$\frac{1}{q^n}$$

wird dem Tabellenwerk entnommen.

Wird im entgegengesetzten Fall eine gegenwärtige Zahlung unter Berücksichtigung von Zinseszinsen auf einen zukünftigen Zeitpunkt bezogen, so bezeichnet man dies als *Aufzinsung*. Die Formel für die *Aufzinsung* ist analog:

$$K_n = K_0 \cdot (1 + i)^n = K_0 \cdot q^n$$

q^n = Aufzinsungsfaktor

Kriterium für die Vorteilhaftigkeit einer Investition ist der Kapitalwert (C_0). Er ergibt sich aus der Differenz der Summe der Barwerte aller Einnahmen (C_E) und der Summe der Barwerte aller Ausgaben (C_A), die durch die Investition verursacht werden.

$$C_0 = C_E - C_A$$

MERKE

Abzinsungsfaktoren sind kleiner 1; Aufzinsungsfaktoren sind größer 1. Zwischen beiden Faktoren besteht die mathematische Beziehung:

Abzinsungsfaktor = 1 : Aufzinsungsfaktor
0,7835 = 1 : 1,2763

bei p = 5 % → i = 0,05; n = 5 Jahre

Anstelle einer separaten Berechnung der Barwerte für Einnahmen und Ausgaben wird die Berechnung des Kapitalwertes i. d. R über die *Abzinsung der Nettoeinnahmen* eines jeweiligen Jahres $E_1 - A_1$, $E_2 - A_2$ usw. durchgeführt. Ein evtl. Restwert der Investition RW (Liquidationserlös) der zum Zeitpunkt t_n veräußert wird, muss ebenfalls abgezinst werden. Der Anschaffungswert A_0 wird von den abgezinsten Nettoeinnahmen subtrahiert. Der Barwert C_0 der Investition ergibt sich als:

$$C_0 = \frac{E_1 - A_1}{q^1} + \frac{E_2 - A_2}{q^2} + \ldots + \frac{E_n - A_n}{q^n} + \frac{RW}{q^n} - A_0$$

Unterstellt man den Sonderfall, dass die *Nettoeinnahmen in jedem Jahr gleich groß* sind, so ergibt sich eine *Vereinfachung der Formel*:

$$C_0 = Ü \cdot \frac{q^n - 1}{q^n (q - 1)} + \frac{RW}{q^n} - A_0$$

Ü = E - A, konstant

Eine Investition ist dann vorteilhaft, wenn ihr Kapitalwert C_0 gleich Null oder positiv ist. Es sind folgende Fälle zu unterscheiden:

- Ist der *Kapitalwert gleich Null*, so wird gerade noch die Mindestverzinsung erreicht, d. h. die Einnahmenüberschüsse reichen aus, um die investitionsbedingten Ausgaben zu tilgen und das investierte Kapital in Höhe des Kalkulationszinsfußes zu verzinsen (Vermeidung eines Investitionsverlustes).
- Ist der *Kapitalwert positiv*, so wird neben der Mindestverzinsung ein weiterer Einnahmenüberschuss (Investitionsgewinn) erzielt.
- Ein *negativer Kapitalwert* zeigt, dass die Mindestverzinsung nicht erreicht wird und deutet auf eine Unvorteilhaftigkeit der Investition hin.
- *Im Falle einer Ersatzinvestition* wird eine alte Anlage nur dann ausgetauscht, wenn der Kapitalwert gleich Null oder positiv ist.
- *Bei einer Erweiterungsinvestition* ist die Anlage, die unter den vorhandenen Alternativen den höchsten (positiven) Kapitalwert erreicht, die vorteilhafteste.

2.4.2 Annuitätenmethode

Die Annuitätenmethode ist praktisch eine Umkehrung der Kapitalwertmethode; dort wurde unterstellt, dass die während der Laufzeit der Investition zu erwartenden Ein- und Ausgaben bereits bekannt sind.

Die *Annuität* C ist die *Nettoeinnahme*, die *durchschnittlich jedes Jahr* erzielt werden muss, damit die Anschaffungsausgabe A_0 bei einer Verzinsung i während der Nutzungsdauer n zurückgewonnen wird.

Durch Umformung erhält man die Gleichung:

$$C_0 = A_0 \cdot \frac{q^n (q - 1)}{q^n - 1}$$

$$C_0 = A_0 \cdot KWF$$

Den Ausdruck

$$\frac{q^n (q - 1)}{q^n - 1}$$

bezeichnet man als *Kapitalwiedergewinnungsfaktor* (KWF).

Er wird dem Tabellenwerk entnommen.

Beurteilung der Vorteilhaftigkeit einer Investition:

- Für eine *Ersatzinvestition* gilt: $C \geq 0$
- Für eine *Erweiterungsinvestition* gilt: $C_{II} > C_I$
  Die Annuität der Anlage II liegt über der von Anlage I; Investition II ist daher vorteilhafter.

2.4.3 Interne Zinsfußmethode

Die interne Zinsfußmethode ist ebenfalls ein Verfahren der dynamischen Investitionsrechnung. Man geht im Gegensatz zur Kapitalwertmethode nicht von einer gegebenen Mindestverzinsung aus, sondern ermittelt den Zinssatz, bei dem der *Kapitalwert einer Investition gleich Null ist*. Dieser Zinssatz wird als *interner Zinsfuß* r bezeichnet. Auf der Basis des internen Zinsfußes sind die Summen der Barwerte aller Einnahmen (E_i) und die Summen der Barwerte aller Ausgaben (A_i) gleich groß: Die Formel der Kapitalwertmethode (vgl. oben) wird gleich Null gesetzt und nach r aufgelöst:

$$\sum (E_i - A_i) \cdot (1 + r)^{-n} = 0$$

Rechnerisch ermittelt man den internen Zinsfuß r auf folgende Weise:

- Ermittlung der Nettoeinnahmen der Investition
- Berechnung des Barwertes C_{01} unter Annahme des Versuchszinssatzes i_1
- Berechnung des Barwertes C_{02} unter Annahme des Versuchszinssatzes i_2
- Einsetzen der gewonnenen Werte in die nachstehende Formel (Differenzquotient):

$$r = i_1 - C_{01} \cdot \frac{i_2 - i_1}{C_{02} - C_{01}}$$

Beurteilung der Vorteilhaftigkeit einer Investition:

- Für eine *Ersatzinvestition* gilt: $r \geq i$ mit i = (interne) Mindestverzinsung
- Für eine *Erweiterungsinvestition* gilt: $r_I > r_{II} \geq i$
  Die Verzinsung der Anlage I liegt über der von Anlage II und ist nicht geringer als die Mindestverzinsung i.

2.4.4 Dynamische Amortisationsrechnung

Bei der dynamischen Amortisationsrechnung werden die jährlichen Kapitalrückflüsse (Einnahmen - Ausgaben) abgezinst und so lange kumuliert, bis der Kapitaleinsatz erreicht wird. Man kann die Kapitalrückflusszeit t_w nach der Durchschnittsmethode oder nach der Kumulationsmethode ermitteln. Einfach ausgedrückt, es wird der Zeitpunkt ermittelt, bei dem die abgezinsten Rückflusse einer Investition gleich den Anschaffungsausgaben sind.

Die dynamische Amortisationsrechnung basiert auf dem Kapitalwertmodell. Sie verwendet nicht buchhalterische Größen, wie Erlöse oder Kosten, sondern Zahlungsströme als Rechengrößen. Im Hinblick auf die statische Amortisationsrechnung ist die dynamische Amortisationsrechnung präziser: Zum einen wird die Durchschnittsbetrachtung von einer exakten Erfassung der Ein- und Auszahlungen in den einzelnen Perioden während der geplanten Nutzungsdauer des Investitionsobjektes abgelöst. Des Weiteren wird der unterschiedliche zeitliche Anfall der Periodenüberschüsse durch die Berücksichtigung von Zinseszinsen explizit einbezogen. Für das Unternehmen gilt das Investitionsobjekt als absolut vorteilhaft, falls seine Amortisationszeit geringer ist, als ein vorher festgelegter Grenzwert. Ein Investitionsobjekt ist relativ vorteilhaft, falls seine Amortisationszeit geringer ist als die eines anderen Objektes.

Berechnung: Zunächst müssen die Barwerte ermittelt werden, Der kumulierte Barwert entspricht dem Kapitalwert in Abhängigkeit von der Nutzungszeit. Solange dieser Wert negativ ist, ist die Amortisationszeit noch nicht erreicht. Ist dieser Wert erstmals positiv, so ist die Amortisationszeit überschritten. Mit der nachfolgenden Formel lässt sich dann die Amortisationszeit berechnen (Interpolationsrechnung):

$$\text{Amortisationszeit} = n^* + \frac{\text{Kapitalwert}_{n^*}}{\text{Kapitalwert}_{n^*} - \text{Kapitalwert}_{n^*+1}}$$

Mit n* wird die Periode gekennzeichnet, in der *letztmalig ein negativer kumulierter Barwert auftritt.*

2.4.5 Grenzstückzahl (Kritische-Werte-Rechnung)

Rechnerisch:

$$\text{Grenzstückzahl} = \frac{\text{Fixkosten}_2 - \text{Fixkosten}_1}{\text{var. Stückkosten}_1 - \text{var. Stückkosten}_2}$$

$$x = \frac{K_{f1} - K_{f2}}{k_{v2} - k_{v1}} \text{ bzw. } \frac{K_{f2} - K_{f1}}{k_{v1} - k_{v2}}$$

Grafisch:

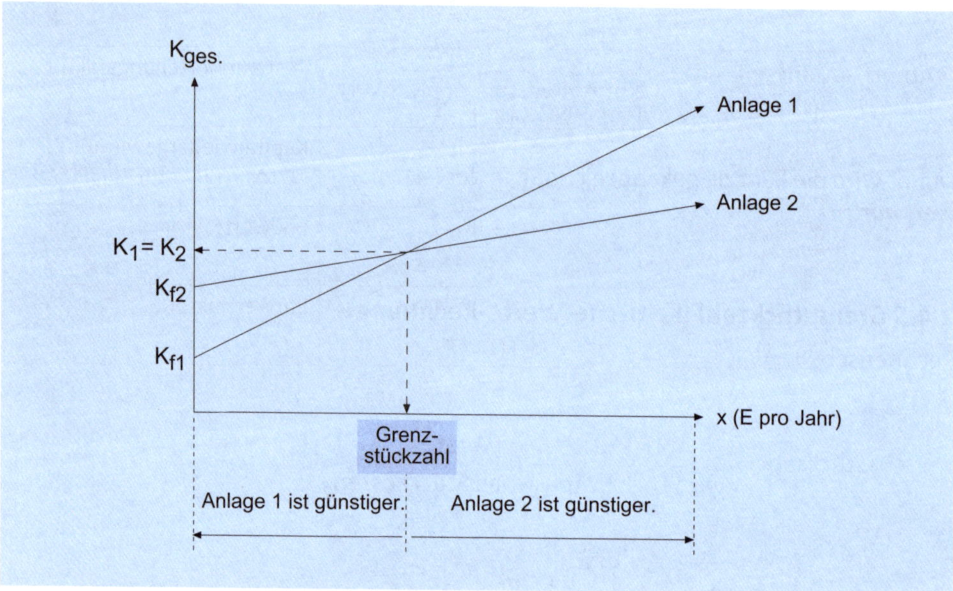
Kges.
Anlage 1
Anlage 2
K1 = K2
Kf2
Kf1
x (E pro Jahr)
Grenz-
stückzahl
Anlage 1 ist günstiger.
Anlage 2 ist günstiger.

q^n	$(1+i)^n$	Aufzinsungsfaktor
$\frac{1}{q^n}$	$\frac{1}{(1+i)^n}$	Abzinsungsfaktor
$\frac{q-1}{q^n-1}$	$\frac{i}{(1+i)^n-1}$	Restwertverteilungsfaktor
$\frac{q^n(q-1)}{q^n-1}$	$\frac{i(1+i)^n}{(1+i)^n-1}$	Kapitalwiedergewinnungs-faktor
$\frac{q^n-1}{q-1}$	$\frac{(1+i)^n-1}{i}$	Endwertfaktor
$\frac{q^n-1}{q^n(q-1)}$	$\frac{(1+i)^n-1}{i(1+i)^n}$	Barwertfaktor

5,0 % n	q^n	$\frac{1}{q^n}$	$\frac{q-1}{q^n-1}$	$\frac{q^n(q-1)}{q^n-1}$	$\frac{q^n-1}{q-1}$	$\frac{q^n-1}{q^n(q-1)}$
1	1,050000	0,952381	1,000000	1,050000	1,000000	0,952381
2	1,102500	0,907029	0,487805	0,537805	2,050000	1,859410
3	1,157625	0,863838	0,317209	0,367209	3,152500	2,723248
4	1,215506	0,822702	0,232012	0,282012	4,310125	3,545951
5	1,276282	0,783526	0,180975	0,230975	5,525631	4,329477
6	1,340096	0,746215	0,147018	0,197017	6,801913	5,075692
7	1,407100	0,710681	0,122820	0,172820	8,142008	5,786373
8	1,477455	0,676839	0,104722	0,154722	9,549109	6,463213
9	1,551328	0,644609	0,090690	0,140690	11,026564	7,107822
10	1,628895	0,613913	0,079505	0,129505	12,577893	7,721735
11	1,710339	0,584679	0,070389	0,120389	14,206787	8,306414
12	1,795856	0,556837	0,062825	0,112825	15,917127	8,863252
13	1,885649	0,530321	0,056456	0,106456	17,712983	9,393573
14	1,979932	0,505068	0,051024	0,101024	19,598632	9,898641
15	2,078928	0,481017	0,046342	0,096342	21,578564	10,379658
16	2,182875	0,458112	0,042270	0,092270	23,657492	10,837770
17	2,292018	0,436297	0,038699	0,088699	25,840366	11,274066
18	2,406619	0,415521	0,035546	0,085546	28,132385	11,689587
19	2,526950	0,395734	0,032745	0,082745	30,539004	12,085321
20	2,653298	0,376889	0,030243	0,080243	33,065954	12,462210

6,0 % n	q^n	$\frac{1}{q^n}$	$\frac{q-1}{q^n-1}$	$\frac{q^n(q-1)}{q^n-1}$	$\frac{q^n-1}{q-1}$	$\frac{q^n-1}{q^n(q-1)}$
1	1,060000	0,943396	1,000000	1,060000	1,000000	0,943396
2	1,123600	0,889996	0,485437	0,545437	2,060000	1,833393
3	1,191016	0,839619	0,314110	0,374110	3,183600	2,673012
4	1,262477	0,792094	0,228592	0,288591	4,374616	3,465106
5	1,338226	0,747258	0,177396	0,237396	5,637093	4,212364
6	1,418519	0,704961	0,143363	0,203363	6,975319	4,917324
7	1,503630	0,665057	0,119135	0,179135	8,393838	5,582381
8	1,593848	0,627412	0,101036	0,161036	9,897468	6,209794
9	1,689479	0,591898	0,087022	0,147022	11,491316	6,801692
10	1,790848	0,558395	0,075868	0,135868	13,180795	7,360087
11	1,898299	0,526788	0,066793	0,126793	14,971643	7,886875
12	2,012196	0,496969	0,059277	0,119277	16,869941	8,383844
13	2,132928	0,468839	0,052960	0,112960	18,882138	8,852683
14	2,260904	0,442301	0,047585	0,107585	21,015666	9,294984
15	2,396558	0,417265	0,042963	0,102963	23,275970	9,712249
16	2,540352	0,393646	0,038952	0,098952	25,672528	10,105895
17	2,692773	0,371364	0,035445	0,095445	28,212880	10,477260
18	2,854339	0,350344	0,032357	0,092357	30,905653	10,827603
19	3,025600	0,330513	0,029621	0,089621	33,759992	11,158116
20	3,207135	0,311805	0,027185	0,087185	36,785591	11,469921

7,0 % n	q^n	$\frac{1}{q^n}$	$\frac{q-1}{q^n-1}$	$\frac{q^n(q-1)}{q^n-1}$	$\frac{q^n-1}{q-1}$	$\frac{q^n-1}{q^n(q-1)}$
1	1,070000	0,934579	1,000000	1,070000	1,000000	0,934579
2	1,144900	0,873439	0,483092	0,553092	2,070000	1,808018
3	1,225043	0,816298	0,311052	0,381052	3,214900	2,624316
4	1,310796	0,762895	0,225228	0,295228	4,439943	3,387211
5	1,402552	0,712986	0,173891	0,243891	5,750739	4,100197
6	1,500730	0,666342	0,139796	0,209796	7,153291	4,766540
7	1,605781	0,622750	0,115553	0,185553	8,654021	5,389289
8	1,718186	0,582009	0,097468	0,167468	10,259803	5,971299
9	1,838459	0,543934	0,083487	0,153486	11,977989	6,515232
10	1,967151	0,508349	0,072378	0,142378	13,816448	7,023582
11	2,104852	0,475093	0,063357	0,133357	15,783599	7,498674
12	2,252192	0,444012	0,055902	0,125902	17,888451	7,942686
13	2,409845	0,414964	0,049651	0,119651	20,140643	8,357651
14	2,578534	0,387817	0,044345	0,114345	22,550488	8,745468
15	2,759032	0,362446	0,039795	0,109795	25,129022	9,107914
16	2,952164	0,338735	0,035858	0,105858	27,888054	9,446649
17	3,158815	0,316574	0,032425	0,102425	30,840217	9,763223
18	3,379932	0,295864	0,029413	0,099413	33,999033	10,059087
19	3,616528	0,276508	0,026753	0,096753	37,378965	10,335595
20	3,869684	0,258419	0,024393	0,094393	40,995492	10,594014

8,0 % n	q^n	$\frac{1}{q^n}$	$\frac{q-1}{q^n-1}$	$\frac{q^n(q-1)}{q^n-1}$	$\frac{q^n-1}{q-1}$	$\frac{q^n-1}{q^n(q-1)}$
1	1,080000	0,925926	1,000000	1,080000	1,000000	0,925926
2	1,166400	0,857339	0,480769	0,560769	2,080000	1,783265
3	1,259712	0,793832	0,308034	0,388034	3,246400	2,577097
4	1,360489	0,735030	0,221921	0,301921	4,506112	3,312127
5	1,469328	0,680583	0,170457	0,250456	5,866601	3,992710
6	1,586874	0,630170	0,136315	0,216315	7,335929	4,622880
7	1,713824	0,583490	0,112072	0,192072	8,922803	5,206370
8	1,850930	0,540269	0,094015	0,174015	10,636628	5,746639
9	1,999005	0,500249	0,080080	0,160080	12,487558	6,246888
10	2,158925	0,463193	0,069030	0,149029	14,486562	6,710081
11	2,331639	0,428883	0,060076	0,140076	16,645487	7,138964
12	2,518170	0,397114	0,052695	0,132695	18,977126	7,536078
13	2,719624	0,367698	0,046522	0,126522	21,495297	7,903776
14	2,937194	0,340461	0,041297	0,121297	24,214920	8,244237
15	3,172169	0,315242	0,036830	0,116830	27,152114	8,559479
16	3,425943	0,291890	0,032977	0,112977	30,324283	8,851369
17	3,700018	0,270269	0,029629	0,109629	33,750226	9,121638
18	3,996019	0,250249	0,026702	0,106702	37,450244	9,371887
19	4,315701	0,231712	0,024128	0,104128	41,446263	9,603599
20	4,660957	0,214548	0,021852	0,101852	45,761964	9,818147

9,0 % n	q^n	$\frac{1}{q^n}$	$\frac{q-1}{q^n-1}$	$\frac{q^n(q-1)}{q^n-1}$	$\frac{q^n-1}{q-1}$	$\frac{q^n-1}{q^n(q-1)}$
1	1,090000	0,917431	1,000000	1,090000	1,000000	0,917431
2	1,188100	0,841680	0,478469	0,568469	2,090000	1,759111
3	1,295029	0,772183	0,305055	0,395055	3,278100	2,531295
4	1,411582	0,708425	0,218669	0,308669	4,573129	3,239720
5	1,538624	0,649931	0,167093	0,257092	5,984711	3,889651
6	1,677100	0,596267	0,132920	0,222920	7,523335	4,485919
7	1,828039	0,547034	0,108691	0,198691	9,200435	5,032953
8	1,992563	0,501866	0,090674	0,180674	11,028474	5,534819
9	2,171893	0,460428	0,076799	0,166799	13,021036	5,995247
10	2,367364	0,422411	0,065820	0,155820	15,192930	6,417658
11	2,580426	0,387533	0,056947	0,146947	17,560293	6,805191
12	2,812665	0,355535	0,049651	0,139651	20,140720	7,160725
13	3,065805	0,326179	0,043567	0,133567	22,953385	7,486904
14	3,341727	0,299246	0,038433	0,128433	26,019189	7,786150
15	3,642482	0,274538	0,034059	0,124059	29,360916	8,060688
16	3,970306	0,251870	0,030300	0,120300	33,003399	8,312558
17	4,327633	0,231073	0,027046	0,117046	36,973705	8,543631
18	4,717120	0,211994	0,024212	0,114212	41,301338	8,755625
19	5,141661	0,194490	0,021730	0,111730	46,018458	8,950115
20	5,604411	0,178431	0,019546	0,109546	51,160120	9,128546

10,0 % n	q^n	$\frac{1}{q^n}$	$\frac{q-1}{q^n-1}$	$\frac{q^n(q-1)}{q^n-1}$	$\frac{q^n-1}{q-1}$	$\frac{q^n-1}{q^n(q-1)}$
1	1,100000	0,909091	1,000000	1,100000	1,000000	0,909091
2	1,210000	0,826446	0,476191	0,576190	2,100000	1,735537
3	1,331000	0,751315	0,302115	0,402115	3,310000	2,486852
4	1,464100	0,683013	0,215471	0,315471	4,641000	3,169865
5	1,610510	0,620921	0,163798	0,263797	6,105100	3,790787
6	1,771561	0,564474	0,129607	0,229607	7,715610	4,355261
7	1,948717	0,513158	0,105406	0,205405	9,487171	4,868419
8	2,143589	0,466507	0,087444	0,187444	11,435888	5,334926
9	2,357948	0,424098	0,073641	0,173641	13,579477	5,759024
10	2,593742	0,385543	0,062745	0,162745	15,937425	6,144567
11	2,853117	0,350494	0,053963	0,153963	18,531167	6,495061
12	3,138428	0,318631	0,046763	0,146763	21,384284	6,813692
13	3,452271	0,289664	0,040779	0,140779	24,522712	7,103356
14	3,797498	0,263331	0,035746	0,135746	27,974983	7,366687
15	4,177248	0,239392	0,031474	0,131474	31,772482	7,606080
16	4,594973	0,217629	0,027817	0,127817	35,949730	7,823709
17	5,054470	0,197845	0,024664	0,124664	40,544703	8,021553
18	5,559917	0,179859	0,021930	0,121930	45,599173	8,201412
19	6,115909	0,163508	0,019547	0,119547	51,159090	8,364920
20	6,727500	0,148644	0,017460	0,117460	57,274999	8,513564

11,0 % n	q^n	$\frac{1}{q^n}$	$\frac{q-1}{q^n-1}$	$\frac{q^n(q-1)}{q^n-1}$	$\frac{q^n-1}{q-1}$	$\frac{q^n-1}{q^n(q-1)}$
1	1,110000	0,900901	1,000000	1,110000	1,000000	0,900901
2	1,232100	0,811622	0,473934	0,583934	2,110000	1,712523
3	1,367631	0,731191	0,299213	0,409213	3,342100	2,443715
4	1,518070	0,658731	0,212326	0,322326	4,709731	3,102446
5	1,685058	0,593451	0,160570	0,270570	6,227801	3,695897
6	1,870415	0,534641	0,126377	0,236377	7,912860	4,230538
7	2,076160	0,481658	0,102215	0,212215	9,783274	4,712196
8	2,304538	0,433926	0,084321	0,194321	11,859434	5,146123
9	2,558037	0,390925	0,070602	0,180602	14,163972	5,537048
10	2,839421	0,352184	0,059801	0,169801	16,722009	5,889232
11	3,151757	0,317283	0,051121	0,161121	19,561430	6,206515
12	3,498451	0,285841	0,044027	0,154027	22,713187	6,492356
13	3,883280	0,257514	0,038151	0,148151	26,211638	6,749870
14	4,310441	0,231995	0,033228	0,143228	30,094918	6,981865
15	4,784589	0,209004	0,029065	0,139065	34,405359	7,190870
16	5,310894	0,188292	0,025517	0,135517	39,189948	7,379162
17	5,895093	0,169633	0,022471	0,132471	44,500843	7,548794
18	6,543553	0,152822	0,019843	0,129843	50,395936	7,701617
19	7,263344	0,137678	0,017563	0,127563	56,939488	7,839294
20	8,062312	0,124034	0,015576	0,125576	64,202832	7,963328

12,0 % n	q^n	$\frac{1}{q^n}$	$\frac{q-1}{q^n-1}$	$\frac{q^n(q-1)}{q^n-1}$	$\frac{q^n-1}{q-1}$	$\frac{q^n-1}{q^n(q-1)}$
1	1,120000	0,892857	1,000000	1,120000	1,000000	0,892857
2	1,254400	0,797194	0,471698	0,591698	2,120000	1,690051
3	1,404928	0,711780	0,296349	0,416349	3,374400	2,401831
4	1,573519	0,635518	0,209234	0,329234	4,779328	3,037349
5	1,762342	0,567427	0,157410	0,277410	6,352847	3,604776
6	1,973823	0,506631	0,123226	0,243226	8,115189	4,111407
7	2,210681	0,452349	0,099118	0,219118	10,089012	4,563757
8	2,475963	0,403883	0,081303	0,201303	12,299693	4,967640
9	2,773079	0,360610	0,067679	0,187679	14,775656	5,328250
10	3,105848	0,321973	0,056984	0,176984	17,548735	5,650223
11	3,478550	0,287476	0,048415	0,168415	20,654583	5,937699
12	3,895976	0,256655	0,041437	0,161437	24,133133	6,194374
13	4,363493	0,229144	0,035677	0,155677	28,029109	6,423548
14	4,887112	0,204620	0,030871	0,150871	32,392602	6,628168
15	5,473566	0,182696	0,026824	0,146824	37,279715	6,810864
16	6,130394	0,163122	0,023390	0,143390	42,753280	6,973986
17	6,866041	0,145644	0,020457	0,140457	48,883674	7,119630
18	7,689966	0,130040	0,017937	0,137937	55,749715	7,249670
19	8,612762	0,116107	0,015763	0,135763	63,439681	7,365777
20	9,646293	0,103667	0,013879	0,133879	72,052442	7,469444

Bitz et al.: Vahlens Kompendium der Betriebswirtschaftslehre. 2 Bände, 5. Auflage, München 2005

Busse, F.-J.: Grundlagen der betrieblichen Finanzwirtschaft, 5. Auflage, München 2005

Däumler/Grabe: Grundlagen der Investitions- und Wirtschaftlichkeitsrechnung, 13. Auflage, Herne/Berlin 2014

Ditges/Arendt/Rinker: Bilanzen, 14. Auflage Herne 2012

Heesen, B.: Investitionsrechnung für Praktiker. Fallorientierte Darstellung der Verfahren und Berechnungen, 2. Auflage, Berlin 2012

Klett/Pivernetz: Controlling in kleinen und mittleren Unternehmen, Bd. 1 und 2, 5. Auflage, Herne/Berlin 2013

Krause/Stache: Die Prüfung der Bilanzbuchhalter, 27. Auflage, Herne 2013

Krause/Krause/Peters: Die Prüfung der Technischen Betriebswirte, 7. Auflage, Herne 2012

Kruschwitz, L.: Investitionsrechnung, 12. Auflage, Berlin/New York 2008

Olfert, K.: Lexikon der Finanzierung und Investition, 2. Auflage, Herne 2010 (Anm. der Autoren: sehr empfehlenswert und preiswert)

Olfert, K.: Investition, 12. Auflage, Herne 2012

Olfert, K.: Finanzierung, 16. Auflage, Herne 2013

Olfert/Rahn: Lexikon der Betriebswirtschaftslehre, 8. Auflage, Herne 2013

Olfert/Rahn: Einführung in die Betriebswirtschaftslehre, 11. Auflage, Herne 2013

Perridon/Steiner: Finanzwirtschaft der Unternehmung, 16. Auflage, München 2012

Wöhe/Bilstein: Grundzüge der Unternehmensfinanzierung, 10. Auflage, München 2009

Wöhe, G.: Einführung in die allgemeine Betriebswirtschaftslehre, 25. Auflage, München 2013

Ziegenbein, K.: Controlling, 10. Auflage, Herne 2012

A

B

C

D

E

F

N

O

P

R

S

T

U

V

W

Z